免刀工×省時間！

嚴選**78**道食物調理機快手料理—

居家料理、開趴、戶外野餐、下午茶，輕鬆搞定！

目　錄　│ Contents

美魔女 Jolyn
李 婕 綾

小廚娘 Olivia
邱韻文

BOX 如何使用本書

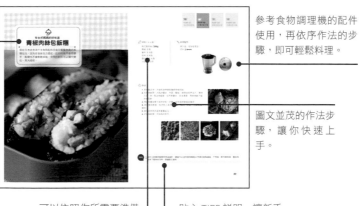

清楚菜色名稱及源由介紹，讓你快速掌握用食物調理機創造做菜樂趣。

參考食物調理機的配件使用，再依序作法的步驟，即可輕鬆料理。

圖文並茂的作法步驟，讓你快速上手。

可以依照你所需要準備的份量來增減製作食材的材料。

貼心 TIPS 說明，讓新手製作不易失敗，老手更可創新延伸新口味。

圖解食物調理機，
教你一指神功做好菜

相信很多人對於「食物調理機」總抱著一知半解的想法，面對食物調理機這麼多配件怎麼用？往往不知所措，因此只好遠離它或是放諸高閣。

事實上，食物調理機的功能比你想像中還要強大，它不但可以取代廚房菜刀、砧板、做菜時的調理碗盤及打蛋器等功能，做到切片、刨絲、搗碎、磨泥、攪拌等等，甚至有的食物調理機還可以揉製麵包麵糰，或是打發蛋白，製作美味的蛋糕，甚至還結合了果汁機、榨汁機的功能。

以下就以飛利浦廚神料理機 **HR7629** 及 **HR7762** 兩款機型做示範，介紹如何使用食物調理機做出美味料理。

HR7629

8. 量杯
7. 主機及料理杯
6. 榨汁器
5. 2.4mm 不鏽鋼切盤
1. 果汁壺
2. 乳化盤
3. S 型切碎刀片
4. S 型攪拌刀片

HR7762

10. 量杯
9. 主機及料理杯
8. 1.2mm 不鏽鋼切盤，
   2.4mm 不鏽鋼切盤
7. 研磨盤
6. S 型切碎刀片
5. 不鏽鋼切條刀盤
1. 果汁壺
2. 研磨杯
3. 乳化盤
4. S 型攪拌刀片

食物調理機的 6 大優點↘

到底食物調理機好不好用呢？其實只要深入了解其功能及配件操作，很多人用上了就有「回不去」傳統切菜的感覺，主要是食物調理機有以下好用的 6 大優點。

優點 1 ↘ 配件豐富，料理全搞定

除了本身配有加大的食材進料管，可瞬間切碎洋蔥、蔬菜、堅果、肉類等食材的 S 型切碎刀片，製作酥餅、麵包時，揉麵糰使用的 S 型攪拌刀片，以及製作點心、糕點，打發鮮奶油時使用的乳化盤和刨絲、切片的不鏽鋼切盤、打細堅果類的研磨杯，並且還有果汁壺、榨汁器等功能，讓你在做各式料理時可以方便替換。

優點 2 ↘ 一機多用，大大節省空間

重點是它只需 30～40 公分見方的空間擺放就可以了。有了它，什麼果汁機、攪拌機、榨汁機、菜刀、砧板、調理碗，甚至打發器都可以收起來了。讓你家的廚房檯面乾乾淨淨，桌面清理輕鬆寫意，更加便利。

優點 3 ↘ 一鍵搞定，操作方便

為方便使用，雙速設定和瞬間加速功能，實現全面控制。尤其是採旋鈕式的一鍵式設計，右轉一段是低速設置（速度 1）適合攪打奶油、製作糕點和麵包麵團。右轉二段為高速設置（速度 2）適合切碎洋蔥和肉類、均勻攪拌醬料、濃湯，或將蔬菜切片、磨碎或刨碎。左轉只有一段速為瞬間加速功能，主要可以攪碎比較堅硬的食材，如堅果、花生等。

優點 4 ↘ 馬力強刀鋒利，能大大縮短料理時間

使用菜刀切菜，每切一道都要花費大約 3～5 分鐘時間，有些體積大的，如高麗菜甚至更長。以洋蔥為例，不但因圓形體積難下刀外，其中還會因為洋蔥的辛辣味而流眼淚，若改用食物調理機，因外形獨特的刀片、與 **PowerChop** 高速鋒刃技術，搭配大容量料理杯，無論軟、硬食材，均可實現卓越的切碎效果，像一顆洋蔥不到 15 秒鐘即可切絲完成。

優點 5 ↘ 容量大，少量或大量製作都適宜

既然啟動食物調理機，若能一次搞定最好，因此不管人多人少，以飛利浦廚神料理機來說，擁有超大 **2.1** 升料理杯，一次即可處理多達 **5** 人份食材，更配有加大 **40%** 的食材進料管，大幅節省對水果和蔬菜的預切時間。

優點 6 ↘ 容易清洗，收拾方便

使用食物調理機最怕的就是後續收拾清洗工作，而以飛利浦廚神料理機為例，所有附件均可使用洗碗機清潔，大大節省煮婦的清理時間。

食物調理機的各種用途

食物調理機真的是無所不能的料理工具，只要能善用它的各項配件及功能，將可以大大節省料理時間，並做出各種有趣的擺盤及創意料理設計。以下以飛利浦廚神料理機 **HR7629** 與 **HR7762** 做示範。

切丁切碎

工具配件：S 型切碎刀片
蝦丸見 **P144**
洋蔥丁見 **P31**
絞肉見 **P49**

（HR7629 及 HR7762 均有）

切片

工具配件：1.2mm 不鏽鋼切盤及
2.4mm 不鏽鋼切盤（切片面凸面朝上）
小黃瓜片見 **P17**
檸檬片見 **P43**
馬鈴薯片見 **P47**

（HR7629 只有 2.4mm 不鏽鋼切盤，
HR7762 則 1.2mm 與 2.4mm 不鏽鋼切盤均有）

刨絲

工具配件：1.2mm 不鏽鋼切盤及
2.4mm 不鏽鋼切盤（切絲面凸面朝上）
紅蘿蔔絲見 **P17**
小黃瓜絲見 **P31**

（HR7629 只有 2.4mm 不鏽鋼切盤，
HR7762 則 1.2mm 與 2.4mm 不鏽鋼切盤均有）

打發

工具配件：乳化盤
蛋黃打發見 **P77**
蛋白打發見 **P93**

（HR7629 及 HR7762 均有）

揉麵

工具配件：S 型攪拌刀片
麵糰見 **P85**

（HR7629 及 HR7762 均有）

如何安裝使用食物調理機？
其實使用安裝食物調理機十分簡單，即使是初學者也容易上手。只要掃一下 **QRCode**，即可透過教學影片馬上學會組裝及拆卸食物調理機。

切條

工具配件：不鏽鋼切條刀盤
馬鈴薯條見 **P 63**

（只限 HR7762）

研磨

工具配件：研磨杯
咖啡粉見 **P43**

（只限 HR7762）

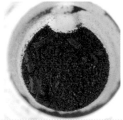

磨泥

工具配件：研磨盤
起司粉見 **P57**

（只限 HR7762）

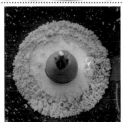

榨汁器

工具配件：榨汁機
檸檬汁見 **P35**

（只限 HR7629）

果汁壺

工具配件：果汁壺
冰沙見 **P36**
醬汁見 **P128**
冷湯見 **P161**

（HR7629 及 HR7762 均有）

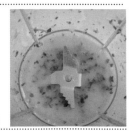

Part 01
沙灘派對料理

火山馬鈴薯泥，
詳見 **P26**

藏不住的好味道

芒果沙沙脆餅

炎炎夏日，總讓人沒有胃口，然而酸酸甜甜的清爽
食物，勢必能重新燃起你的食欲！將夏日盛產的芒
果，加上口感獨特的奇異果，在搭配洋蔥、薄荷、
香菜的清涼口感，再淋上特製的配醬，讓舌尖的感
觸更多元、更豐富。

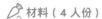 **材料（4 人份）**

芒果 **1** 顆
奇異果 半顆
香菜 **2** 株
紫洋蔥 **1/3** 顆
薄荷葉 適量
三角玉米片 適量
白酒醋 **1** 大匙
楓糖 **1** 大匙
橄欖油 **1** 茶匙

 好用配件

S 型切碎刀片

作法：

1. 裝上 **S** 型切碎刀片，將芒果、奇異果、紫洋蔥、薄荷葉放入食物調理機中，蓋好杯蓋，左轉至瞬間加速切碎。
2. 將白酒醋、楓糖、橄欖油淋在所有食材上，並攪拌均勻。
3. 將三角玉米片舀上適量芒果沙沙即可。

TIPS
1. 材料可以用其他水果及蔬菜代替。
2. 酸甜程度，可以分次少量倒入拌勻再調整。

色彩繽紛好好吃

彩蔬橄欖油拌蝦仁

紅色的胡蘿蔔、紫色的洋蔥，在混搭著青嫩綠菊
苣，如同打開了食物的彩色盤，釀造繽紛的感覺。
再加上煎得香脆可口的金黃蝦仁，簡直讓原本清爽
多彩的食材，再度增添了一番獨特的滋味。好吃的
滋味，讓你每一口都回味無窮。

PART 01	PART 02	PART 03	PART 04	PART 05	PART4 06
沙灘派對料理	樂宵派對料理	溫馨下午茶料理	野餐輕食料理	露營野炊料理	家聚小宴料理

✎ **材料（4 人份）**

蝦仁 **12** 尾
紫洋蔥半顆
菊苣 適量
紅蘿蔔 **1/3** 根
白酒醋 **1** 大匙
橄欖油 **1** 茶匙
櫛瓜 **1/3** 根
小番茄 **4** 顆

🔧 **好用配件**

1.2mm 不鏽鋼切盤

🍳 **作法：**

1. 裝上 **1.2mm** 不鏽鋼切盤，切片面凸面朝上， 將紫洋蔥、櫛瓜放入食物調理機中，蓋好杯蓋，轉至 **2** 轉速切片。
2. 將 **1.2mm** 不鏽鋼切盤翻面，切絲面凸面朝上，將紅蘿蔔放入食物調理機中，蓋好杯蓋，轉至 **2** 轉速刨絲。
3. 將菊苣洗淨切段，與紫洋蔥絲、紅蘿蔔絲泡冰水瀝乾，加上對切小番茄。
4. 建議可以用智慧萬用鍋無水烹調功能熱鍋，不用油即可將蝦仁乾煎至微金黃色。將煎好的蝦仁取出待涼。
5. 將蝦仁和其他食材放在盤裡，淋上白酒醋、橄欖油拌勻，再撒上巴西里即可。

   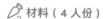

TIPS

1. 可將材料替換成其他水果及蔬菜。
2. 酸甜程度，可以分次少量倒入拌勻再調整。
3. 智慧萬用鍋的無水烹調可利用食材本身水分所形成的高溫蒸氣來進行燒烤，完整保留新鮮食材的原汁美味，而且鮮香嫩脆，低卡又健康。但若家裡沒有萬用鍋，也可用煎炒鍋代替。

舌尖上的東南亞
泰式鳳梨海鮮

椰糖、魚露、香菜的組合，讓人直覺式的想到了東南亞！舌尖上的東南亞，讓海鮮的吃法不再一樣。每一口甜甜鹹鹹的感覺，讓你沉浸在錯置的飲食美學中，不可自拔！簡單的做法，讓你可以天天都享受到東南亞的飲食文化。

PART 01
沙灘派對料理

PART 02
樂宵派對料理

PART 03
溫馨下午茶
料理

PART 04
野餐輕食料理

PART 05
露營野炊料理

PART4 06
家聚小宴料理

材料 (4 人份)

草蝦仁 **5** 尾
透抽 **2** 尾
鳳梨 **200g**
青芒果 半顆
紫洋蔥 半顆
小番茄 **15** 粒

香菜 **3** 株
辣椒 **1** 根
椰糖 **100g**
魚露 **3** 大匙
檸檬汁 **2** 大匙

好用配件

2.4mm 不鏽鋼切盤
S 型切碎刀片

作法 :

1. 裝上 **2.4mm** 不鏽鋼切盤,切片面凸面朝上, 將紫洋蔥放入食物調理機中,蓋好杯蓋,轉至 **1** 轉速切片。
2. 再將鳳梨放入食物調理機中,蓋好杯蓋,轉至 **1** 轉速切片。
3. 將切盤翻面,切絲面凸面朝上,將芒果青放入食物調理機中,蓋好杯蓋,轉至 **1** 轉速切絲。
4. 裝上 **S** 型切碎刀片,將香菜、辣椒、椰糖、魚露、檸檬汁加入食物調理機中,製成醬汁。
5. 草蝦仁剖背去腸泥燙熟,透抽切圈狀入鍋汆燙熟,冰鎮備用。加入對切小番茄,再淋上醬汁拌勻。
6. 冷藏 **2** 小時即可食用。

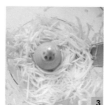

TIPS
1. 紫洋蔥、芒果青要泡冰水冰鎮,鳳梨、番茄入冰箱。
2. 酸甜程度,可以分次少量倒入拌勻再調整。

你不可錯過的好味道

檸檬蝦仁

一口一口的大白蝦，嵌入蔥薑蒜味和檸檬味。讓你大呼過癮之餘，也想繼續大飽口福的品嘗味道別具一格的蝦仁！搭配一杯小酒，小酌兩杯，更是美好的享受！

PART 01
沙灘派對料理

PART 02
樂宵派對料理

PART 03
溫馨下午茶料理

PART 04
野餐輕食料理

PART 05
露營野炊料理

PART4 06
家聚小宴料理

材料（2 人份）

大白蝦 **10** 尾
辣椒 **1** 根
蔥 **3** 根
薑 **1** 塊
蒜頭 **3** 顆
檸檬 **2** 顆
白砂糖 **2** 大匙
白胡椒 **1/2** 茶匙

好用配件

榨汁器
S 型切碎刀片
2.4mm 不鏽鋼切盤

作法：

1. 將檸檬放入榨汁器中榨汁。
2. 裝上 **S** 型切碎刀片，將辣椒、蔥、薑、大蒜放入食物調理機中切碎，蓋好杯蓋，右轉至 **1** 轉速，打勻備用。
3. 置換 **2.4mm** 不鏽鋼切盤，切片面凸面朝上，將檸檬放入食物調理機中切片。
4. 建議可以用智慧萬用鍋無水烹調功能熱鍋，只要一點點的油即可將步驟 **2** 配料炒香，再加入大白蝦。
5. 淋上檸檬汁、白砂糖、白胡椒拌勻，加上檸檬片、香菜即可。

TIPS
1. 酸甜程度可依個人需求，以分次少量方式倒入拌勻再調整。
2. 智慧萬用鍋的無水烹調可利用食材本身水分所形成的高溫蒸氣來進行燒烤，完整保留新鮮食材的原汁美味，而且鮮香嫩脆，低卡又健康。但若家裡沒有萬用鍋，也可用煎炒鍋代替。

古錐造型 美味享受

沙嗲牛肉丸子串燒

每次到新加坡、馬來西亞,都少不了品嘗當地特色的沙嗲,但卻從未想過,沙嗲竟是如此簡單就能輕易做到!無論是懶人的你,還是宅男宅女的你,都能很直覺式的做好做滿這道菜!還想什麼?趕快動起手來吧!

PART 01	PART 02	PART 03	PART 04	PART 05	PART4 06
沙灘派對料理	樂宵派對料理	溫馨下午茶料理	野餐輕食料理	露營野炊料理	家聚小宴料理

 材料 (4 人份)

牛肉 **150g**
沙嗲醬 **2** 大匙
水 **3** 大匙
麵包粉 **20g**
玉米粉 **1** 大匙
橄欖油 **1** 茶匙
沙嗲醬 **1** 大匙
甜橙片 適量
香菜 少許

 好用配件

S 型切碎刀片
S 型攪拌刀片

作法：

1. 裝上 **S** 型切碎刀片，將牛肉、沙嗲醬、麵包粉、水、玉米粉、橄欖油放入食物調理機中，蓋好杯蓋，轉至 **2** 段速切碎。
2. 直接換上 **S** 型攪拌刀片，攪拌至有黏性。
3. 將絞肉揉成丸子形。
4. 氣炸鍋以 **180** 度烤 **10** 分鐘取出，用竹籤插上甜橙片、丸子，放上香菜即可。

TIPS
1. 牛肉可替換成其他肉品。
2. 加入麵包粉、水是為了讓肉質更軟嫩，也可使用豆腐、牛奶代替。
3. 選用氣炸鍋的優點是可降低食物油脂與取代高溫油炸的烹調方式，不過若家裡沒有氣炸鍋，也可以用油炸鍋代替。

涼感十足 清爽一夏
越南涼拌米線

花生的香，配上魚露的鹹，再加上蒜頭、辣椒的刺激，一道越南涼拌米線，讓我們的味蕾嘗盡甜酸苦辣鹹。外加檸檬、番茄、小黃瓜絲等蔬菜的搭配，讓這道米線與眾不同的帶有濃濃的越南味道，讓每一口都能感受到豐富味蕾之餘的清爽口感。

PART 01	PART 02	PART 03	PART 04	PART 05	PART4 06
沙灘派對料理	樂宵派對料理	溫馨下午茶料理	野餐輕食料理	露營野炊料理	家聚小宴料理

材料（4 人份）

草蝦仁 **4** 尾	白醋 **2** 大匙
米線 **200g**	檸檬汁 **1** 大匙
豆芽菜 少許	糖 **4** 大匙
小黃瓜 半條	開水 **2** 大匙
檸檬 半顆	蒜頭 **2** 顆
番茄 **3** 顆	辣椒 **1** 根
花生 **3** 大匙	香菜 **2** 株
香菜 少許	魚露 **3** 大匙

好用配件

S 型切碎刀片
1.2mm 不鏽鋼切盤
研磨杯

作法：

1. 將越式米線放入熱水中煮軟，草蝦仁剖背去腸泥燙熟，豆芽菜汆燙，放入冰水中略泡。
2. 將花生放入研磨杯，左轉瞬間加速，研磨成細顆粒。
3. 裝上 **1.2mm** 不鏽鋼切盤，切絲面凸面朝上，將小黃瓜放入食物調理機中，蓋好杯蓋，轉至 1 轉速，刨絲。
4. 將 **1.2mm** 不鏽鋼切盤翻面，切片面凸面朝上，將番茄放入食物調理機中，蓋好杯蓋，轉至 1 轉速，切片。
5. 將檸檬放入食物調理機中，蓋好杯蓋，轉至 1 轉速，切片。
6. 裝上 S 型切碎刀片，將白醋、檸檬汁、糖、開水、蒜頭、辣椒、香菜、魚露加入食物調理機中，蓋好杯蓋，將右轉至 1 段速，製成醬汁。
7. 在米線上，加入檸檬、番茄、小黃瓜絲、豆芽菜、香菜，再淋上醬汁，最後撒上碎花生即可。

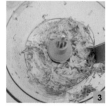

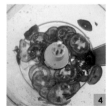
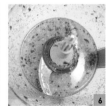
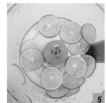

TIPS
1. 魚露使用越南出產，較為不鹹。
2. 醬汁可先做起來冷藏，食用再冰涼拌入，風味更佳。

在地食材 異國口感

火山馬鈴薯泥

馬鈴薯含有豐富的營養，在歐洲更被稱作「大地的蘋果」，其中含有蛋白酶類抑制劑及鉀，不僅能夠抗癌，還能預防高血壓及中風。火山馬鈴薯泥不僅保留了馬鈴薯原有的綿密口感，更搭配特製的醬汁，讓你一品異國風情，帶來全新的味蕾體驗。

PART 01 沙灘派對料理

 PART 02 樂宵派對料理

 PART 03 溫馨下午茶料理

 PART 04 野餐輕食料理

 PART 05 露營野炊料理

 PART4 06 家聚小宴料理

材料 (2 人份)

馬鈴薯 **1** 顆半
培根 **2** 片
奶油 **1** 大匙
巴西里 少許
洋蔥 **1/3** 顆

酸奶油 **3** 大匙
糖 **2** 大匙
檸檬汁 **1** 大匙
匈牙利紅椒粉 **1/2** 大匙
鹽 少許

好用配件

S 型切碎刀片
S 型攪拌刀片

作法：

1. 馬鈴薯切對半，其中半顆切片用電鍋蒸熟備用。
2. 裝上 S 型切碎刀片，將培根、洋蔥、巴西里放入食物調理機中，蓋好杯蓋，轉至 1 段速，切碎，取出爆香備用。
3. 置換 S 型攪拌刀片，將奶油、蒸熟馬鈴薯、鹽和步驟 2 中爆香好的食材一起放入食物調理機中，蓋好杯蓋，轉至 2 段速，打勻。
4. 將馬鈴薯挖半空狀態塞入上述步驟 3 中的食材，以氣炸鍋 180 度烤 6 分鐘。
5. 將檸檬汁、糖、酸奶、匈牙利紅椒粉攪拌，製成醬汁。
6. 將醬汁淋在烤好的馬鈴薯上即可。

1

2

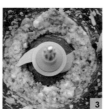
3

4

5

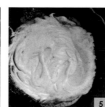
6

 TIPS

1. 酸奶可以用優格代替，但糖也要隨之減少。
2. 馬鈴薯事先蒸熟，可以縮短烤的時間。
3. 選用氣炸鍋的優點是可降低食物油脂與取代高溫油炸的烹調方式，不過若家裡沒有氣炸鍋，也可以用油炸鍋代替。

品出酸甜好滋味
鳳梨漬烤豬排

鳳梨酸酸甜甜的滋味滲入烤好肉排中，讓每一口肉都帶有水果的香。不僅如此，鳳梨切片嵌入烤上色的內排細縫中，深色淺色相間帶來視覺上的享受。色香味俱全的鳳梨漬烤豬排，讓你待客、自用兩相宜。

PART 01
沙灘派對料理

PART 02
樂宵派對料理

PART 03
溫馨下午茶料理

PART 04
野餐輕食料理

PART 05
露營野炊料理

PART4 06
家聚小宴料理

材料（4 人份）

梅花豬肉 **400g**
鳳梨 **150g**
蜂蜜 **2** 大匙
檸檬汁 **2** 大匙

醬油 **2** 大匙
白胡椒 **1/4** 茶匙
鹽 **1/2** 茶匙
白砂糖 **2** 大匙

好用配件

S 型切碎刀片

作法：

1. 裝上 S 型切碎刀片，將鳳梨放入食物調理機中，蓋好杯蓋，轉至 **2** 段速，切碎成鳳梨丁。
2. 鳳梨丁下鍋拌炒，加上檸檬汁、蜂蜜、白砂糖、醬油、白胡椒、鹽，小火煮沸後，加入蜂蜜拌勻成醬汁待涼。
3. 梅花豬肉排用叉子戳洞，並用槌子敲鬆肉排，加入醬汁後，放入冰箱醃漬半天。
4. 以氣炸鍋 **100** 度烤 **30** 分鐘，再以 **180** 度烤 **10** 分鐘上色。
5. 切片擺盤即可。

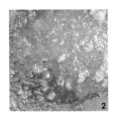
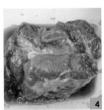

TIPS
1. 鳳梨可以用蘋果、柳橙代替。
2. 選用氣炸鍋的優點是可降低食物油脂與取代高溫油炸的烹調方式，不過若家裡沒有氣炸鍋，也可以用油炸鍋代替。

多重口感 一次滿足
香料鮮蔬嫩雞生菜卷

雞肉的多汁香嫩，搭配小黃瓜的脆、紫洋蔥的辛辣，以及餅皮的飽足感，多種口感，讓你一次得到滿足。香料鮮蔬嫩雞生菜卷可以說是能讓老少都愛不釋手，一口接著一口的美味主食。

PART 01
沙灘派對料理

 PART 02
樂育派對料理

 PART 03
溫馨下午茶
料理

 PART 04
野餐輕食料理

 PART 05
露營野炊料理

 PART4 06
家聚小宴料理

材料 (4 人份)

雞胸肉 **120g**	紫洋蔥 **30g**
蛋餅皮 **2** 片	橄欖油 **4** 大匙
蛋 **2** 顆	白酒 **4** 大匙
菊苣 適量	百里香 **3g**
小黃瓜 **30g**	鹽 **1/2** 茶匙
苜蓿芽 適量	糖 **1** 茶匙

好用配件

S 型切碎刀片
果汁壺
2.4mm 不鏽鋼切盤

作法：

1. 裝上 **2.4mm** 不鏽鋼切盤，切絲面凸面朝上，將小黃瓜放入食物調理機中，蓋好杯蓋，右轉至 **1** 段速刨絲。
2. 置換 **S** 型切碎刀片，將紫洋蔥放入食物調理機中，蓋好杯蓋，右轉至 **2** 段速切碎。
3. 置換果汁壺，將橄欖油、百里香、鹽、糖加入食物調理機中，蓋好杯蓋，將右轉至 **2** 段速，製成醬汁。
4. 乾煎蛋餅皮、蛋皮。
5. 將雞肉切片加入醬汁後，醃漬半小時後放入鍋煎熟。
6. 將餅皮包上蛋皮，再捲上生菜和雞肉即可。

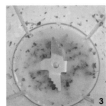

TIPS
1. 做好的生菜卷可以採 **45** 度角的斜切切片方式，更易入口。
2. 百里香梗較細，可逆向取葉子即可。若無新鮮百里香，可以用乾燥香料代替。

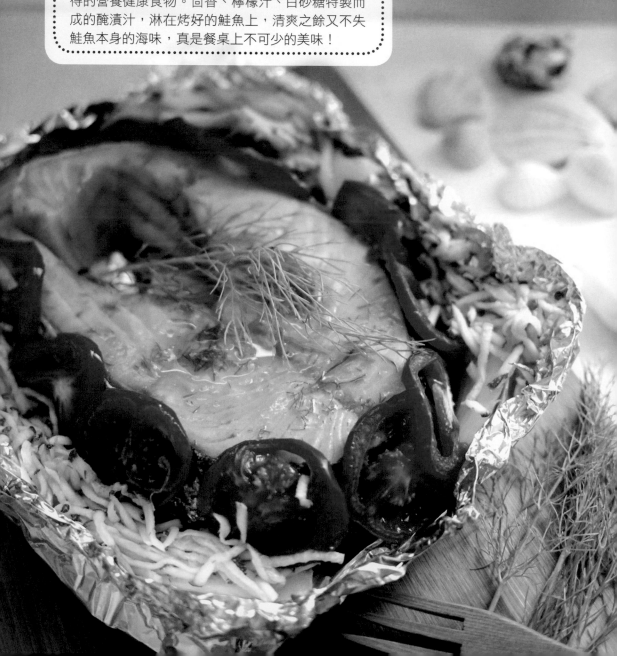

檸檬茴香烤鮮鮭

鮭魚富含蛋白質、Omega-3 脂肪酸、鈣、鐵、維生素 B 群、維生素 D、維生素 E 等營養素,是不可多得的營養健康食物。茴香、檸檬汁、白砂糖特製而成的醃漬汁,淋在烤好的鮭魚上,清爽之餘又不失鮭魚本身的海味,真是餐桌上不可少的美味!

PART 01
沙灘派對料理

PART 02
樂宵派對料理

PART 03
溫馨下午茶料理

PART 04
野餐輕食料理

PART 05
露營野炊料理

PART4 06
家聚小宴料理

材料（2 人份）

鮭魚 **1** 片
櫛瓜 **1** 根
洋蔥半顆
小番茄 **6** 顆
檸檬汁 **30ml**
茴香 **2** 株
白砂糖 **2** 大匙

好用配件

果汁壺
2.4mm 不鏽鋼切盤

作法：

1. 將茴香、檸檬汁、白砂糖放入食物調理機的果汁壺中，蓋好杯蓋，轉至 **2** 段速，打均勻，製成醃漬汁。
2. 將鮭魚放在步驟 **1** 做成的醃漬汁裡醃漬約半小時。
3. 裝上 **2.4mm** 不鏽鋼切盤，切絲面凸面朝上，將櫛瓜放入食物調理機中，蓋好杯蓋，轉至 **1** 段速刨絲。
4. 將 **1.2mm** 不鏽鋼切盤翻面，切片面凸面朝上，將番茄放入食物調理機中，蓋好杯蓋，右轉至 **1** 段速切片。
5. 再將洋蔥放入食物調理機，蓋好杯蓋，右轉至 **1** 段速切片。
6. 將鮭魚及鮮蔬放置烤盤內，使用氣炸鍋 **180** 度烤 **20** 分鐘取出即可。

TIPS
1. 鮭魚可包附鋁箔紙或烘焙紙入烤箱或氣炸鍋較不易燒焦。
2. 選用氣炸鍋的優點是可降低食物油脂與取代高溫油炸的烹調方式，不過若家裡沒有氣炸鍋，也可以用油炸鍋代替。
3. 砂糖的用量可以依檸檬酸甜度增減。

一口一口吃掉青春的感覺
檸檬派

檸檬派的美味，酸酸甜甜，彷彿讓人置身於青春中，一口一口的吃下去，讓人流連忘返，無法忘卻的好滋味！愛吃甜點的你，又怎能錯過青春蕩漾的檸檬派呢？

PART 01
沙灘派對料理

PART 02
樂宵派對料理

PART 03
溫馨下午茶
料理

PART 04
野餐輕食料理

PART 05
露營野炊料理

PART4 06
家聚小宴料理

材料 (4 人份)

派皮 **1** 個
檸檬 **2** 顆
白砂糖 **100g**
無鹽奶油 **75g**
蛋 **3** 顆
檸檬汁 **80ml**

好用配件

榨汁器
S 型攪拌刀片
2.4mm 不鏽鋼切盤

作法：

1. 裝上 **2.4mm** 不鏽鋼切盤，切片面凸面朝上，將一顆檸檬加入食物調理機中蓋好壺蓋，右轉至 **1** 段速切片備用。
2. 再將另一顆檸檬對切，放入榨汁器中以 **2** 段速擠汁做成檸檬汁備用。
3. 裝上 **S** 型攪拌刀片，將無鹽奶油、白砂糖加入食物調理機中，蓋好杯蓋，轉至 **2** 段速，打均勻，再將蛋液、檸檬汁依序加入食物調理機中。
4. 派皮入氣炸鍋 **180** 度烤 **6** 分鐘。
5. 取出檸檬蛋液倒入鍋中加熱完，倒入派皮中。冷藏 **2** 小時取出，加上檸檬片，撒上檸檬屑即可。

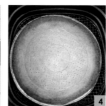

TIPS
1. 檸檬也可以用萊姆代替。
2. 此版本較酸甜，喜歡甜味較重者可以加重糖量。
3. 氣炸鍋的烘焙功能預熱速度快，又可大大降低食物油脂，若家中沒有氣炸鍋，也可以用烤箱代替。

冰冰涼涼 沁心脾
蜂蜜蘋果泥凍飲

夏日將至，熱辣辣的天氣，讓人想要暢飲一杯冰品。這時候，蜂蜜蘋果泥凍飲就是你的不二選擇，冰冰涼涼的感覺，搭配蘋果的清爽，直搗人心，沁人心脾！

PART 01
沙灘派對料理

PART 02
樂宵派對料理

PART 03
溫馨下午茶
料理

PART 04
野餐輕食料理

PART 05
露營野炊料理

PART4 06
家聚小宴料理

 **材料（2 人份）**

蘋果 **1** 顆
蜂蜜 **2** 大匙
檸檬汁 **1** 大匙
冰塊 **20** 塊

 好用配件

果汁壺
研磨盤

作法：

1. 裝上研磨盤，將蘋果塊放入食物調理機中，蓋好杯蓋，右轉至 **1** 段速，研磨
   果泥狀，同時拌入檸檬汁。
2. 裝上果汁壺，將冰塊、蜂蜜放入食物調理機中，蓋好杯蓋，右轉至 **2** 段速，
   打成冰沙。
3. 將冰沙、蘋果泥依序倒入杯子即可。

TIPS
　1. 水果可先冷藏後製作，風味較佳。而蘋果可依夏季時令水果變化替換。
　2. 冰塊建議放空心的衛生冰塊，這樣能延長食物調理機的壽命。

誘人的蒜味飄香
蒜香焗烤軟法麵包

每天早餐，一杯鮮奶，配一份麵包，讓你一天都有
好精神。好吃的吐司，又怎能少了好的塗醬呢？好
吃自製的蒜香醬，讓你有種忍不住每天都想自己動
手做早餐的衝動。

PART 01	PART 02	PART 03	PART 04	PART 05	PART4 06
沙灘派對料理	樂宵派對料理	溫馨下午茶料理	野餐輕食料理	露營野炊料理	家聚小宴料理

🥕 **材料 (2 人份)**

蒜頭 **12** 顆
無鹽奶油 **70g**
新鮮巴西里 **2** 株
起士 **30g**
軟法麵包 半條
鹽 **1/2** 茶匙
糖 **1** 茶匙

🔧 **好用配件**

S 型切碎刀片
S 型攪拌刀片
研磨盤

🍲 **作法：**

1. 裝上研磨盤，將起士放入食物調理機中，蓋好杯蓋，轉至 **2** 段速，研磨成粉。
2. 裝上 **S** 型切碎刀片，將蒜頭、巴西里加入食物調理機，蓋好杯蓋，左轉至瞬間加速切碎。
3. 置換 **S** 型攪拌刀片，再將奶油、鹽、糖加入食物調理機中，蓋好杯蓋，轉至 **1** 段速打勻。
4. 將蒜香奶油醬塗上切片軟法麵包，使用氣炸鍋 **180** 度烤 **2** 分鐘。
5. 再灑上乾酪絲烤 **4** 分鐘即可。

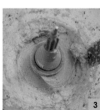

 TIPS

1. 多餘的蒜香醬可以裝在盒子裡保存，同時加入溶化奶油覆蓋，可以增加保存期限。
2. 若不太能接受生蒜，可以先奶油拌炒後再與巴西里奶油拌勻即可。
3. 氣炸鍋的烘焙功能預熱速度快，又可大大降低食物油脂，若家中沒有氣炸鍋，也可以用烤箱代替。

Part 02
樂宵派對料理

特製青蔥酸奶
薯條，詳見 P62

人生滋味 一口嘗盡
咖啡檸檬札片 Mafia

咖啡用嚼的，你有試過嗎？咖啡檸檬札片 Mafia 是
來自義大利黑手黨傳統點心，奇妙的組合，讓你把
「甜、酸、香、苦」融合在一口之中，宛如人生的
滋味。想要嘗新的你又怎能錯過呢？

 **材料（4 人份）**

檸檬 **1** 顆
咖啡冰糖 **3** 大匙
咖啡豆 **2** 大匙

 好用配件

1.2mm 不鏽鋼切盤
研磨杯

作法：

1. 裝上 **1.2mm** 不鏽鋼切盤，切片面凸面朝上，將檸檬尖頭去除後加入食物調理機中切片備用。
2. 使用研磨杯，將咖啡冰糖置入倒扣好，打至喜愛大小顆粒。
3. 繼續使用研磨杯，將咖啡豆倒扣好，打至喜愛大小顆粒。
4. 將檸檬片置盤，撒上冰糖再撒上咖啡粉即可。

  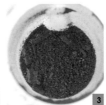 

TIPS 1. 若無咖啡冰糖，可用紅糖或是白砂糖取代，別有一番風味。

甜蜜蜜的下午茶點心
肉桂蘋果三明治

以肉桂蘋果打造的營養三明治，作為消夜點心，甜
蜜蜜的好味道，是樂宵派對料理中不可或缺
的必備美食，也適合出現在早餐或下午茶點心！

材料（4 人份）

蘋果 **2** 顆
檸檬汁 **2** 大匙
白砂糖 **5** 大匙
肉桂粉 少許
吐司 **3** 片

好用配件

S 型切碎刀片
2.4mm 不鏽鋼切盤

作法：

1. 裝上 **S** 型切碎刀片，將 **1** 顆蘋果削皮完切大塊後，加入食物調理機中，蓋好杯蓋，左轉至瞬間加速切碎。
2. 淋上檸檬汁、糖，等待 **10** 分鐘。
3. 熱鍋將蘋果小火煮至濃稠撒上少許肉桂粉。
4. 在食物調理機上 **2.4mm** 不鏽鋼切盤，切片面凸面朝上，將未削皮蘋果塊加入食物調理機中，轉至 **2** 轉速切片。
5. 熱鍋將蘋果加少許糖、檸檬汁大火煮至收汁。濃稠撒上少許肉桂粉拌勻。
6. 以三明治疊法，一層吐司一層肉桂蘋果醬，最後放蜜蘋果片盛盤。

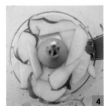

TIPS
1. 蘋果可先浸泡檸檬水預防變色，若用其他水果代替，肉桂粉則就不加。
2. 糖的多寡會影響水果甜酸度，可依個人喜好添加。

肉菜搭配 均衡營養
匈牙利馬鈴薯烘蛋

馬鈴薯又稱為「洋芋」，是歐洲人的主食。搭配培根、雞蛋、優格的口感，撒上一些匈牙利辣椒粉，營造與眾不同的匈牙利風格，讓你瞬間愛上這道飽足感十足的美食。

PART 01
沙灘派對料理

PART 02
樂宵派對料理

PART 03
溫馨下午茶料理

PART 04
野餐輕食料理

PART 05
露營野炊料理

PART4 06
家聚小宴料理

材料 (4 人份)

小馬鈴薯 **2** 顆
雞蛋 **2** 顆
紫洋蔥半顆
培根 **3** 條
酸奶 **4** 大匙

麵包粉 **4** 大匙
匈牙利辣椒粉 **2** 大匙
鹽 **1/4** 茶匙
糖 **2/3** 茶匙

好用配件

S 型切碎刀片
2.4mm 不鏽鋼切盤

作法：

1. 先將蛋煮熟去殼。裝上 S 型切碎刀片，將熟蛋加入食物調理機上，以 **1** 轉速切丁。

2. 將削皮馬鈴薯加入食物調理機中，裝上 **2.4mm** 不鏽鋼切盤，切片面凸面朝上，轉至 **1** 轉速切片。同時，熱水煮熟馬鈴薯片撈出備用。

3. 置換 S 型切碎刀片，將洋蔥加入食物調理機中，蓋好杯蓋，左轉至瞬間加速，切碎。

4. 將培根切片煎至金黃色後，加入食物調理機中，蓋好杯蓋，左轉至瞬間加速，切碎。

5. 將洋蔥爆香至軟，加入糖、鹽、酸奶，攪拌成酸奶糊。

6. 陶瓷烤盤輕刷一層油，將馬鈴薯片、雞蛋、培根交錯相疊。當中間隔倒入酸奶油糊。最後撒上麵包粉、匈牙利辣椒粉。

7. 噴上些許橄欖油，放入氣炸鍋 **180** 度烤 **10** 分鐘即可。

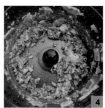
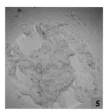

TIPS

1. 道地的匈牙利烘蛋是用匈牙利香腸，但若買不到匈牙利香腸可用培根或其他醃漬肉類代替。
2. 酸奶油糊可用健康的原味優格代替。
3. 氣炸鍋的烘焙功能預熱速度快，又可大大降低食物油脂，若家中沒有氣炸鍋，也可以用烤箱代替。

DIY 卷餅 用心做出好味道
韓式烤牛洋蔥卷餅

喜歡吃卷餅的朋友不少,可是外面買的價格卻不菲,想要自己動手做卻不知道如何開始?沒關係!只要願意開始動手,善用食物調理機,DIY 好吃卷餅完全不成問題!

PART 01 沙灘派對料理

 PART 02 樂宵派對料理

 PART 03 溫馨下午茶料理

PART 04 野餐輕食料理

PART 05 露營野炊料理

PART4 06 家聚小宴料理

🥕 材料（4 人份）

中筋麵粉 **300g**	紫洋蔥半顆
溫水 **120ml**	白芝麻粒 適量
鹽 **1/4** 茶匙	小番茄 **4** 顆
糖 **1/2** 茶匙	韓式辣醬 **2** 大匙
橄欖油 **1** 大匙	楓糖 **1** 大匙
菊苣生菜 適量	米酒 **1** 大匙
牛肉 **250g**	蛋白液 **1** 顆

🔧 好用配件

S 型切碎刀片
S 型攪拌刀片

🍲 作法：

1. 裝上 S 型攪拌刀片，將中筋麵粉、溫水、鹽、糖、橄欖油放入食物調理機的料理杯，蓋好杯蓋，右轉至 1 轉速成麵糰取出。
2. 試著拉麵糰呈現這種有層次薄膜，即可蓋上保鮮膜靜置 15 分鐘。
3. 置換 S 型切碎刀片，將紫洋蔥加入食物調理機的料理杯，蓋好杯蓋，向左轉至瞬間加速切碎，取出備用。
4. 再將牛肉加入食物調理機蓋好杯蓋，向左轉至瞬間加速切碎，取出備用。
5. 將牛肉加入米酒、蛋白拌勻，再加入楓糖、韓式辣醬拌勻醃漬 30 分鐘。
6. 熱鍋，將麵糰桿成薄平，乾煎即可取出待涼。
7. 再熱鍋，將牛肉炒熟取出。
8. 在卷餅皮上加上生菜、番茄片、紫洋蔥丁、牛肉，撒上白芝麻粒即可。

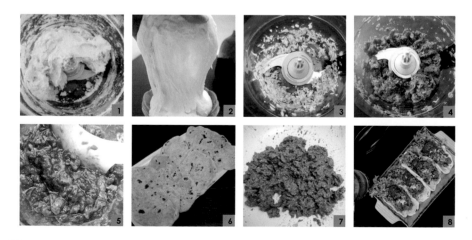

TIPS
1. 肉類可替換自己喜愛的雞、鴨、豬、牛等。牛肉需是冰的，在切碎時血水不會過多。
2. 蔬菜顆粒勿太細碎，保留丁狀吃來較有口感。

多姿多彩好味道
五色煙燻鮭魚卷

紅白紫橘綠！色彩繽紛的拼盤，讓你胃口大開。加上冷藏過後，捲成花狀的鮭魚卷，簡直是夏天不可或缺的一道美食！

PART 01
沙灘派對料理

PART 02
樂宵派對料理

PART 03
溫馨下午茶
料理

PART 04
野餐輕食料理

PART 05
露營野炊料理

PART4 06
家聚小宴料理

材料 (4 人份)

煙燻鮭魚片 **6** 片　　紫洋蔥 **40g**
小黃瓜 **50g**　　　　香橙汁 **2** 大匙
紅蘿蔔 **40g**　　　　檸檬酒醋 **2** 大匙
白洋蔥 **40g**

好用配件

2.4mm 不鏽鋼切盤

作法：

1. 裝上 **2.4mm** 不鏽鋼切盤，切絲面凸面朝上，將紅蘿蔔放入食物調理機中，蓋好杯蓋，轉至 **2** 段速刨絲。
2. 再將小黃瓜放入食物調理機中，蓋好杯蓋，轉至 **2** 段速刨絲。
3. 將 **2.4mm** 不鏽鋼切盤翻面，切片面凸面朝上，蓋好杯蓋，將白洋蔥放入食物調理機中，蓋好杯蓋，轉至 **1** 段速切片。
4. 再將紫洋蔥放入食物調理機中，蓋好杯蓋，轉至 **1** 段速切片。
5. 將香橙汁、檸檬酒醋拌勻備用。
6. 將煙燻鮭魚卷成花朵狀，中間加入不同顏色的細絲擺盤。

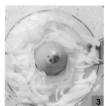

TIPS 冷藏過後，風味更佳。

簡單方便的海鮮料理

泰式風醬淡菜

孔雀蛤的學名為「綠殼菜蛤」，俗名有「孔雀蛤」、「淡菜」，無論你是忙碌的上班族，還是懶惰的宅男宅女，一道簡單的料理，好吃兼好看，勢必能勾起你動手做的欲望。泰式風醬淡菜就是這麼一道讓生手也能輕易上手的簡單美味料理！

✎ **材料（4 人份）**

淡菜 **7** 顆　　　　檸檬汁 **2** 大匙
蒜 **20g**　　　　　魚露 **1** 大匙
薑 **20g**　　　　　甘味醬油 **1/2** 大匙
辣椒 **1** 根　　　　糖 **1.5** 大匙
香菜 **3** 株

🔪 **好用配件**

S 型切碎刀片

🍲 **作法：**

1. 淡菜燙熟後冰鎮備用。
2. 裝上 **S** 型切碎刀片，將蒜、薑、辣椒、香菜、檸檬汁、
   魚露、甘味醬油、糖置入食物調理機中，蓋好杯蓋，向左轉至
   瞬間加速為淋醬。
3. 淡菜擺盤，再淋上醬汁即可食用。

TIPS 醬汁可以放 **2** 天。

綿密口感 回味無窮
起士焗洋菇

喜歡起士的朋友看過來！起士焗洋菇必將成為你的
新歡！起士之下，洋菇在烤箱或氣炸鍋中，保留了
水分與香氣，鎖住了原有口感，但又不失起士、白
醬與羅勒葉混搭的西洋風味。

🥕 材料 (2 人份)

洋菇 **10** 顆　　洋蔥 半顆
蒜頭 **2** 顆　　義大利香料 適量
馬鈴薯 **1** 顆　　市售白醬 **2** 大匙
紅椒 半顆　　乳酪絲 **4** 大匙
黃椒 半顆　　羅勒葉 少許

🔧 好用配件

S 型切碎刀片

🍳 作法：

1. 裝上 S 型切碎刀片，將蒜頭、馬鈴薯、紅椒、黃椒、洋蔥、**8** 顆洋菇加入食物調理機中，蓋好杯蓋，左轉至瞬間加速。
2. 再將鍋子加熱，將步驟 1 食材拌炒至 **7** 分熟，加入白醬、義大利香料後煮滾取出。
3. 在烤盆中倒入白醬食材，放上洋菇片，入氣炸鍋 **180** 度烤 **10** 分鐘。
4. 撒上乳酪絲再以氣炸鍋 **180** 度烤 **5** 分鐘，出爐撒上羅勒葉即可。

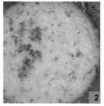

 TIPS
1. 洋菇可使用別種菇類代替。
2. 氣炸鍋的烘焙功能預熱速度快，又可大大降低食物油脂，不過若家中沒有氣炸鍋，也可以用烤箱代替。

小巧玲瓏 美味可口

起士蝦鬆吐司卷

起士蝦鬆吐司卷造型小巧玲瓏，一口一個，滿滿的
蝦仁、起士與蔬菜，讓你愛不釋手，吃了還想再
吃！

PART 01
沙灘派對料理

 PART 02
樂宵派對料理

 PART 03
溫馨下午茶料理

 PART 04
野餐輕食料理

 PART 05
露營野炊料理

 PART4 06
家聚小宴料理

材料 (2 人份)

洋蝦仁 10 尾	鹽 1/4 茶匙
吐司 2 片	糖 1/4 茶匙
生菜 4 片	巴西里 適量
櫛瓜 1/2 根	黑胡椒 適量
紫洋蔥 1/4 顆	起士塊 1 塊
白酒 1/2 湯匙	羅勒葉 少許

好用配件

S 型切碎刀片
研磨盤

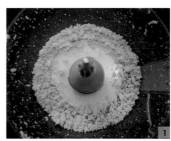

作法:

1. 裝上研磨盤,蓋好杯蓋,右轉至 2 段速將起士研磨成粉取出備用。
2. 裝上 S 型切碎刀片,將蝦仁加入食物調理機中料理杯,蓋好杯蓋,向左轉至瞬間加速切成自己喜愛大小後取出。
3. 將櫛瓜加入食物調理機中,蓋好杯蓋,左轉至瞬間加速,切成自己喜愛大小取出。
4. 再將紫洋蔥加入食物調理機中,蓋好杯蓋,左轉至瞬間加速,切成自己喜愛大小取出。
5. 熱鍋,將蝦鬆收乾,加入櫛瓜丁、紫洋蔥丁、黑胡椒、巴西里拌勻。
6. 將吐司對半切捲起,插入牙籤,放入起士粉後,入氣炸鍋 180 度分鐘烤至金黃。
7. 加上生菜、蝦鬆,撒上起士粉、巴西里即可。

TIPS
1. 若食用素食可不用放入蝦仁。
2. 蔬菜顆粒勿太細碎,保留丁狀吃起來較有口感。

異國風情的消夜點心

西班牙蒜辣蝦法棍麵包

蝦仁與麵包的結合，碰撞出西班牙的滋味，讓每一口
都飽含滿滿的奶香、蒜香！西班牙蒜辣蝦法棍麵包正
是作為消夜點心的不二選擇！

PART 01
沙灘派對料理

PART 02
樂育派對料理

PART 03
溫馨下午茶料理

PART 04
野餐輕食料理

PART 05
露營野炊料理

PART4 06
家聚小宴料理

材料 (4 人份)

蝦仁 **10** 尾
法棍麵包 **1** 條
小黃瓜 半根
蒜頭 **10** 顆
蔥 **3** 根
洋蔥 半顆

奶油 **1** 大匙
匈牙利紅椒粉 **1/2** 茶匙
鹽 **1/2** 茶匙
糖 **1/2** 茶匙
菜葉 少許

好用配件

S 型切碎刀片
2.4mm 不鏽鋼切盤

作法:

1. 裝上 2.4mm 不鏽鋼切盤,切絲面凸面朝上,將洋蔥加入食物調理機中,蓋好杯蓋,右轉至 2 段速刨絲。接著小黃瓜也以同樣方式,加入食物調理機中刨絲。

2. 置換 S 型切碎刀片,將蒜頭、蔥段加入食物調理機的料理杯,蓋好杯蓋,向左轉至瞬間加速切碎取出。

3. 熱鍋,倒入油將蒜蔥醬爆香,加入洋蔥絲拌炒,加入蝦仁,再倒入奶油。

4. 加入匈牙利紅椒粉、鹽、糖拌勻。

5. 將法棍麵包切片,入氣炸鍋 180 度烘烤 4 分鐘。

6. 將已烤好的法棍麵包片,放上小黃瓜絲加上已炒好的蒜辣蝦仁,再加上香菜點綴即可。

TIPS
1. 若食用素食可不用放入蝦仁。
2. 蔬菜顆粒勿太細碎,保留丁狀吃起來較有口感。

味道十足的飄香主食
焗烤肉醬通心粉

去西餐廳點菜，少不了焗烤肉醬通心粉，然而市面上大部分肉醬都是用現成番茄醬做肉醬，卻少了新鮮番茄的獨有口感。自己動手做，則可彌補這一遺憾，吃到誠意滿分、從真正番茄製成的焗烤肉醬通心粉了！

PART 01
沙灘派對料理

PART 02
樂宵派對料理

PART 03
溫馨下午茶料理

PART 04
野餐輕食料理

PART 05
露營野炊料理

PART4 06
家聚小宴料理

材料（2 人份）

通心粉 **100g**	蒜頭 **4** 顆
梅花肉 **150g**	糖 **1** 茶匙
玉米粉 **1** 茶匙	鹽 **1/2** 茶匙
番茄 **2** 顆	乳酪絲 **50g**
洋蔥半顆	巴西里 少許
羅勒葉 **3** 片	

好用配件

S 型切碎刀片
果汁壺

作法：

1. 裝上 **S** 型切碎刀片，將梅花肉、冰水、玉米粉加入食物調理機中，蓋好杯蓋，向左轉至瞬間加速切碎。
2. 換上果汁壺，將番茄、洋蔥、羅勒葉、大蒜、糖、鹽加入食物調理機中，製成番茄糊。
3. 熱鍋，先將番茄糊炒熱，再加上絞碎的梅花肉炒熟後，煮全濃稠成番茄肉醬。
4. 沸水加鹽，倒入通心粉煮 **5** 分鐘瀝乾備用。
5. 番茄淋上肉醬，放上乳酪絲，入氣炸鍋 **180** 度烤 **5** 分鐘。
6. 最後上桌時再撒上巴西里即可。

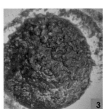

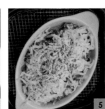

TIPS

1. 建議豬肉最好先冰過，切碎比較容易。
2. 若食用素食可將豬肉換成玉米、菇類。
3. 氣炸鍋的烘焙功能預熱速度快，又可大大降低食物油脂，不過若家中沒有氣炸鍋，也可以用烤箱代替。

歡樂舒壓小零食

特製青蔥酸奶薯條

薯條,是每一個小朋友、大朋友都愛吃的零食之一,脆脆的口感,搭配著特製的沾醬,每一口吃下去,都能帶來歡樂且能舒壓。

PART 01
沙灘派對料理

 PART 02
樂宵派對料理

 PART 03
溫馨下午茶
料理

 PART 04
野餐輕食料理

 PART 05
露營野炊料理

 PART4 06
家聚小宴料理

 材料（4 人份）

馬鈴薯 **2** 顆
橄欖油 **1** 大匙
鹽 少許
青蔥 **3** 根
酸奶油 **3** 大匙
檸檬汁 **1** 大匙
糖 **1** 大匙

 好用配件

S 型切碎刀片
不鏽鋼切條刀盤

 作法：

1. 裝上 **S** 型切碎刀片，將青蔥加入食物調理機的料理杯中，蓋好杯蓋，向左轉至瞬間加速切碎，並將酸奶油、檸檬汁、糖拌勻製成沾醬。
2. 置換不鏽鋼切條刀盤 ，將馬鈴薯去除些微凸面朝下加入料理杯，蓋好杯蓋，右轉至 **2** 段速切成條狀。
3. 沸水煮薯條 **2** 分鐘，撈起浸冰水瀝乾備用。
4. 加入少許橄欖油、鹽拌勻，以氣炸鍋 **180** 度烤 **20** 分鐘。
5. 將青蔥、酸奶油、檸檬汁、糖拌勻製成沾醬。再用吸油蠟紙包起薯條放入盆中，淋上沾醬即可。

掃 QRCode，
觀看特製青蔥酸奶薯條食譜影片。

TIPS
1. 酸奶油可用原味優格代替。
2. 選用氣炸鍋優點是可降低食物油脂與取代高溫油炸的烹調方式，不過若家裡沒有氣炸鍋，也可以用油炸鍋代替。

Q 口彈牙小丸子

日式章魚燒麵包球

嚼勁十足的小丸子，烤過之後，外酥內嫩，撒上柴魚花、海苔之後，又再增添一份海味。日式章魚燒麵包球不失為與朋友一起共享消夜時光的小零食！

PART 01
沙灘派對料理

 PART 02
樂宵派對料理

PART 03
溫馨下午茶
料理

PART 04
野餐輕食料理

PART 05
露營野炊料理

PART4 06
家聚小宴料理

材料（4 人份）

蛋 2 顆
無鹽奶油 100g
牛奶 100ml
木薯粉 100g
高筋麵粉 150g
鹽 5g
糖 15g
章魚段 150g

酵母粉 1/2 茶匙
沙拉醬 適量
柴魚花 適量
海苔 適量

好用配件

S 型切碎刀片
S 型攪拌刀片

作法：

1. 裝上 S 型切碎刀片，將章魚段加入食物調理機，蓋好杯蓋，左轉至瞬間加速，切碎。
2. 置換 S 型攪拌刀片，將章魚碎、蛋、無鹽奶油、牛奶、木薯粉、酵母粉、高筋麵粉、鹽、糖加入食物調理機，蓋好杯蓋，向左轉至瞬間加速拌勻取出，醒麵 15 分鐘。
3. 揉成圓形丸子，待二次發酵 20 分鐘，塗上蛋液，入氣炸鍋 170 度烘烤 8 分鐘。
4. 完成後放入盤子，淋上沙拉醬、撒上柴魚花、海苔即可。

 TIPS
1. 依丸子大小烤的時間會不同，比 50 元硬幣大一些，若超過則烘烤時間應再加長。
2. 選用氣炸鍋優點是可降低食物油脂與取代高溫油炸的烹調方式，不過若家裡沒有氣炸鍋，也可以用油炸鍋代替。

藏著肉的爆漿巧克力

楓糖培根布朗尼

布朗尼你可能吃過，培根你也可能吃過，可是布朗尼加上培根，你有吃過嗎？兩個看上去完全不搭的食材，卻意外的碰撞出新的火花，喜歡挑戰與冒險的你，就更不能錯過它了。

材料（4 人份）

培根 **70g**　　雞蛋 **4** 顆
楓糖漿 **45g**　可可粉 **30g**
巧克力 **150g**　低筋麵粉 **60g**
無鹽奶油 **100g**　泡打粉 **5g**
黑糖 **80g**

好用配件

S 型切碎刀片
S 型攪拌刀片

作法：

1. 裝上 **S** 型切碎刀片，將培根加入食物調理機，蓋好杯蓋，向左轉至瞬間加速中切碎取出。
2. 將培根淋上楓糖，入氣炸鍋 **180** 度 **5** 分鐘。
3. 用熱鍋隔水加熱奶油、巧克力至融化備用。
4. 裝上 **S** 型攪拌刀片，將巧克力、無鹽奶油、黑糖、雞蛋、和過篩的可可粉、低筋麵粉、泡打粉加入食物調理機中攪拌均勻，再放置在深烤盤上。
5. 倒撒上培根丁拌勻，放入預熱烤箱，上火 **180** 度下火 **190** 度，烤 **35** 分鐘，取出待涼切塊即可。也可用氣炸鍋烤，先用 **160** 度預熱 **10** 分鐘，接著就放進去烤約 **25**～**30** 分鐘左右就可以。

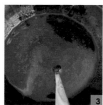
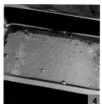

TIPS 相較大塊巧克力，市售的鈕釦巧克力融化較快，可縮短烘焙時間。

Part 03
溫馨下午茶料理

海鹽蛋白霜餅乾，
詳見 **P92**

養生健康美味

堅果醬拌野蔬沙拉

想要養生，還要健康？不妨考慮自己動手做做看堅
果醬拌野蔬沙拉，裡面富含營養的堅果和各種蔬
食，給你健康 100 分！

材料 (4 人份)

蘿美生菜 適量	鹽 1/2 茶匙
菊苣 適量	糖 1 茶匙
櫛瓜 1/3 條	亞麻籽油 5 大匙
紫洋蔥 1/2 顆	堅果 4 大匙
紅蘿蔔 1/2 根	紅椒 30g
番茄 2 顆	黃椒 30g
堅果 2 大匙	

好用配件

1.2mm 不鏽鋼切盤
研磨杯

作法：

1. 將堅果放入氣炸鍋以 **180** 度烤 **3** 分鐘。
2. 裝上 **1.2mm** 不鏽鋼切盤，切片面凸面朝上，蓋好杯蓋，將番茄、蘿美生菜、櫛瓜、紫洋蔥加入食物調理機中，轉至 **1** 轉速切片。
3. 將 **1.2mm** 不鏽鋼切盤翻面，切絲面凸面朝上，蓋好杯蓋，將紅蘿蔔加入食物調理機中，轉至 **1** 轉速切絲。
4. 使用研磨杯，將堅果、鹽、糖、亞麻籽油置入倒扣好，右轉至 **2** 段速打至喜愛大小顆粒取出。
5. 盆中擺上野蔬，淋上堅果醬、撒上堅果顆粒即可。

 掃此 QRCode，觀看堅果醬拌野蔬沙拉的食譜影片。

 TIPS
1. 堅果可以先烘烤過比較香。
2. 氣炸鍋的烘焙功能預熱速度快，又可大大降低食物油脂，若家中沒有氣炸鍋，也可以用烤箱代替。

吸睛小點心
鮪魚起士玉子燒

鮪魚與雞蛋的組合，碰撞出美味的玉子燒，加上起士，讓滋味更有深度，搭配其他小點心或飲料，就成為一頓佳肴。

PART 01	PART 02	PART 03	PART 04	PART 05	PART 06
沙灘派對料理	樂宵派對料理	溫馨下午茶料理	野餐輕食料理	露營野炊料理	家聚小宴料理

 **材料 (2 人份)**

蛋 **3** 顆
鮪魚罐頭 **1/2** 罐
洋蔥 **1/3** 顆
乳酪絲 **5** 大匙
鹽 **1/4** 茶匙
糖 **1/2** 茶匙
牛奶 **30cc**

好用配件

S 型攪拌刀片

作法：

1. 裝上 S 型切碎刀片，將鮪魚、洋蔥丁、乳酪絲加入食物調理機中，蓋好杯蓋，右轉至 1 轉速切丁取出。
2. 將洋蔥丁炒過備用。置換 S 型攪拌刀片，將蛋、牛奶加入食物調理機中，蓋好杯蓋，右轉至 1 轉速成煎蛋液。
3. 使用玉子燒鍋倒入蛋，一層內餡一層蛋，再捲起即可。

TIPS 玉子燒可使用一般鍋子做完拿出，以鋁箔紙再塑形。

讓你忍不住流口水的美味

烤花生香蕉巧克力厚片

烤花生香蕉巧克力厚片不僅飄著濃濃的現磨花生醬
香氣，讓你吃到最新鮮的花生顆粒口感，還能吃到最
新鮮現切的香蕉，如此美味，讓你忍不住口水直流！

PART 01
沙灘派對料理

PART 02
樂育派對料理

PART 03
溫馨下午茶
料理

PART 04
野餐輕食料理

PART 05
露營野炊料理

PART 06
家聚小宴料理

材料（2 人份）

厚片吐司 **2** 片
香蕉 **1** 根
巧克力穀片 **50g**
花生 **7** 大匙
亞麻籽油 **4** 大匙
糖 **2** 茶匙
鹽 **1/4** 茶匙

好用配件

2.4mm 不鏽鋼切盤
研磨杯

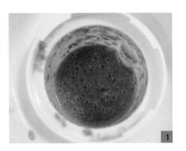

作法：

1. 使用研磨杯，將花生、亞麻籽油、糖、鹽放入食物調理機中，倒扣好，右轉至 **2** 段速打至喜愛大小顆粒取出。
2. 置換 **2.4mm** 不鏽鋼切盤，切片面凸面朝上，將香蕉加入食物調理機中，轉至 **2** 轉速切片。
3. 厚片挖空塗上花生醬入氣炸鍋以 **170** 度烤 **2** 分鐘烤至微酥。
4. 填入一層香蕉一層巧克力脆片，最後淋上少許花生醬。入氣炸鍋以 **170** 度烤 **3** 分鐘至金黃即可。

TIPS
1. 花生醬濃稠度可自行調整。
2. 氣炸鍋的烘焙功能預熱速度快，又可大大降低食物油脂，若家中沒有氣炸鍋，也可以用烤箱代替。

75

讓你瞬間愛上的主食
蛋黃醬通心粉

長長短短的紅蘿蔔絲配上圓圓小小的玉米粒，加上
特製的蛋黃醬，每一口都飽含豐富的蔬菜甜度與雞
蛋味，讓這一道通心粉增色不少，相信這會是一道
能讓你瞬間愛上的主食。

PART 01 沙灘派對料理

 PART 02 樂育派對料理

 PART 03 溫馨下午茶料理

 PART 04 野餐輕食料理

 PART 05 露營野炊料理

PART 06 家聚小宴料理

材料（2 人份）

玉米粒 **2** 大匙	鹽 **1/2** 茶匙
紅蘿蔔 **1/3** 根	檸檬汁 **2** 茶匙
通心粉 **100g**	鹽 **1/4** 小匙
熟蛋黃 **2** 顆	胡椒粉 少許
蛋 **1** 顆	糖 **1/2** 小匙
亞麻籽油 **200g**	黑胡椒 少許
糖 **2** 大匙	

好用配件

2.4mm 不鏽鋼切盤
乳化盤

作法：

1. 使用乳化盤將糖跟蛋黃打發慢慢倒入油，再加入檸檬汁乳化為美乃滋。
2. 裝上 **2.4mm** 不鏽鋼切盤，切絲面凸面朝上，蓋好杯蓋，將紅蘿蔔絲加入食物調理機中，轉至 **2** 轉速切絲。
3. 將 **2.4mm** 不鏽鋼切盤翻面，切片面凸面朝上，蓋好杯蓋，將生菜加入食物調理機中，轉至 **2** 轉速切片泡冰水備用。
4. 將紅蘿蔔絲、玉米粒燙熟後，撈起泡冰水備用。
5. 沸水加鹽，倒入通心粉煮 **5** 分鐘瀝乾備用。
6. 將熟蛋黃壓碎，加入美乃滋攪勻，製成蛋黃醬沙拉，加上鹽、胡椒粉、糖、黑胡椒製成蛋黃醬。
7. 在通心粉上，鋪生菜絲、玉米粒、紅蘿蔔絲，淋上蛋黃醬沙拉，吃時拌勻即可。

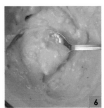

TIPS 蔬菜可使用自己喜愛蔬菜代替。

酥脆可口的小點心
mini 可樂餅

mini 可樂餅是小朋友的最愛，酥酥脆脆的口感，讓人停不下來。炒過的洋蔥與豬肉搭配，讓可樂餅保有美味的滋味。

材料（2 人份）

馬鈴薯 **2** 顆	麵包粉 適量
豬肉 **90g**	海鹽 **1/2** 茶匙
洋蔥 **1/2** 顆	糖 **1** 茶匙
奶油 **1** 大匙	胡椒粉 少許
蛋 **1** 顆	黑胡椒粒 少許
麵粉 適量	冰水 **3** 大匙

好用配件

S 型切碎刀片
S 型攪拌刀片

作法：

1. 馬鈴薯蒸熟壓泥備用。
2. 裝上 S 型切碎刀片，將洋蔥、豬肉加入食物調理機中，蓋好杯蓋，右轉至 1 轉速切成自己喜愛大小丁狀取出。
3. 熱鍋，1 大匙奶油炒香洋蔥、絞肉備用。
4. 置換 S 型攪拌刀片，將洋蔥丁、絞肉、馬鈴薯泥加入食物調理機中，蓋好杯蓋，右轉至 1 速切轉拌勻取出。
5. 做成小巧的條狀，依序沾麵粉、蛋液、麵包粉，然後放入氣炸鍋以 **180** 度烤 **8** 分鐘即可。

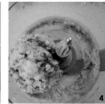

TIPS 由於有蛋液易噴油，因此油炸鍋可換成氣炸鍋會比較不易有噴油問題。

視覺、味覺雙享受的美食
一口鮮蝦天使冷麵

精緻的酒杯內，靜靜的躺著天使冷麵，上面淋滿鮮紅的番茄汁，再加上一枚蝦的點綴，讓這一道一口鮮蝦天使冷麵，有視覺的享受，還有味覺上的期待。這道視覺、味覺雙享受的美食，值得讓你一再回味。

PART 01	PART 02	PART 03	PART 04	PART 05	PART 06
沙灘派對料理	樂育派對料理	溫馨下午茶料理	野餐輕食料理	露營野炊料理	家聚小宴料理

材料（2 人份）

蝦仁 **6** 尾　　　　橄欖油 **3** 大匙
番茄 **3** 顆　　　　紅酒醋 **4** 大匙
紫洋蔥 **60g**　　　醬油 **2** 大匙
香菜 **4** 株　　　　白砂糖 **2** 大匙
天使細麵 **120g**

好用配件

S 型切碎刀片
2.4mm 不鏽鋼切盤

作法：

1. 裝上 **2.4mm** 不鏽鋼切盤，切片面凸面朝上，將 **1** 顆番茄加入食物調理機中，蓋好杯蓋，轉至 **2** 轉速切片。
2. 置換 S 型切碎刀片，將洋蔥、**2** 顆番茄、香菜加入食物調理機中，蓋好杯蓋，右轉至 **1** 轉速切碎。
3. 在步驟 **2** 食材加入橄欖油、**2.5** 大匙紅酒醋、**1** 大匙醬油、**1** 大匙白砂糖攪拌，製成淋醬。
4. 沸水加鹽，倒入天使細麵，熟後撈起浸冰水，瀝乾備用。
5. 將蝦仁燙熟後，撈起泡冰水備用。
6. 在杯中放入番茄片、天使細麵，再放上蝦仁，淋上醬汁，加上生菜葉點綴即可。

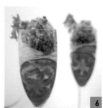

TIPS
1. 蝦仁可換成自己喜愛食材。
2. 將細麵浸冰水，可以讓麵條不糾結，同時增加彈性。

讓你一吃就上癮的蛋糕
芒果天使蛋糕

大部分人都喜歡吃蛋糕，有著一顆蛋糕魂，然而外面購買的蛋糕不是放了太多添加劑，就是價格太貴，而自己做不僅能享受 DIY 的樂趣，還能確保每一樣食材都是安心、天然、無添加。

PART 01
沙灘派對料理

PART 02
樂宵派對料理

PART 03
溫馨下午茶料理

PART 04
野餐輕食料理

PART 05
露營野炊料理

PART 06
家聚小宴料理

材料（4 人份）

低筋麵粉 **60g**
塔塔粉 **2.5g**
檸檬汁 **20cc**
蛋白 **4 顆 (180g)**
細砂糖 **50g**

鹽 **1.25g**
芒果 **1 顆**
檸檬 **1/2 顆**
香草精 **4g**

好用配件

2.4mm 不鏽鋼切盤
S 型切碎刀片
S 型攪拌刀片
乳化盤

作法：

1. 裝上 **2.4mm** 不鏽鋼切盤，切片面凸面朝上，將檸檬芒果加入食物調理機中，蓋好杯蓋，轉至 **2** 轉速，切片。

2. 置換 **S** 型切碎刀片，將芒果去皮去芯，切塊加入食物調理機中，蓋好杯蓋，右轉至 **1** 轉速，切碎備用。

3. 置換 **S** 型攪拌刀片，檸檬汁、香草精和過篩的粉類加入食物調理機中，攪拌均勻。

4. 置換乳化盤，將蛋白、細砂糖分次加入食物調理機中，蓋好杯蓋，轉至 **2** 轉速成直立式蛋白。

5. 將蛋白分 **2 ～ 3** 次拌勻至麵糊中，再加入檸檬皮、檸檬汁拌勻，再倒入不沾烤模中，表面抹平。

6. 用烤箱則先預熱，並用上火 **180** 度下火 **150** 度烤 **15 ～ 20** 分鐘，打開輕拍蛋糕如有蓬鬆有彈性則烤熟。取出倒扣放涼。

7. 將步驟 **2** 的芒果碎加入少許糖漿煮至濃稠狀，製成芒果醬備用。

8. 在蛋糕上淋上芒果醬、放上檸檬片即可。

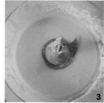

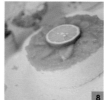

TIPS
步驟 **6** 也可使用氣炸鍋，先取走炸籃，加入一吋高的水，以 **180** 度預熱爐 **2** 分鐘，然後以 **140** 度烤 **30** 分鐘即可。

小點心 大樂趣
牛油曲奇餅

壓好花紋的牛油曲奇餅，甜甜的滋味，讓每一個小
朋友、大朋友都深愛不已，拿來配茶當下午茶最適
合不過了，只要一點點的小點心，就能帶來大大的
樂趣！

PART 01	PART 02	PART 03	PART 04	PART 05	PART 06
沙灘派對料理	樂宵派對料理	溫馨下午茶料理	野餐輕食料理	露營野炊料理	家聚小宴料理

材料（4 人份）

牛油 **150g**
糖粉 **80g**
低筋麵粉 **250g**
香草精 **1/3** 茶匙
鹽 **1/4** 茶匙

泡打粉 **1** 茶匙
蛋 **1** 顆
蛋白 **1** 顆
白砂糖 **150g**
檸檬汁 **3g**

好用配件

S 型攪拌刀片
乳化盤

作法：

1. 裝上 **S** 型攪拌刀片，將牛油、糖粉加入食物調理機中，蓋好杯蓋，右轉至 **2** 段速拌至淡黃色。 再加入過篩的低筋麵粉、香草精、泡打粉、鹽、蛋至成麵糰放至冰箱 **10** 分鐘。
2. **10** 分鐘後，可將麵糰透過擠花袋將曲奇餅壓膜至烤盤上，放入氣炸鍋以 **180** 度烘烤 **20** 分鐘。
3. 將食物調理機換上乳化盤，將蛋白、糖粉加入食物調理機中，蓋好杯蓋，轉至 **2** 轉速打發，再加檸檬汁成糖霜。
4. 擠至曲奇餅上裝飾即可。

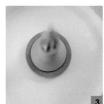

TIPS
1. 牛油可以用奶油取代，不過建議使用是特定無水的 Pure Creamy Butter 比較好。
2. 氣炸鍋的烘焙功能預熱速度快，又可大大降低食物油脂，若家中沒有氣炸鍋，也可以用烤箱代替。

口感紮實的好味道
奶油小餐包

美味的小餐包，輕輕掰開還能聞到酵母與奶油的香氣，吃下去，更能進一步體會到紮實的口感與 DIY 的感動。

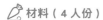
PART 01
沙灘派對料理

PART 02
樂宵派對料理

PART 03
溫馨下午茶料理

PART 04
野餐輕食料理

PART 05
露營野炊料理

PART 06
家聚小宴料理

材料（4 人份）

低筋麵粉 **250g**
糖粉 **25g**
鹽 **1/4** 茶匙
速發酵母 **1/2** 茶匙

無鹽奶油 **25g**
水 **125CC**
蛋黃液 少許

好用配件

S 型攪拌刀片

作法：

1. 裝將無鹽奶油切小丁。然後將食物調理機裝上 S 型攪拌刀片，將糖粉、酵母、低筋麵粉、鹽加入食物調理機中，蓋好杯蓋，右轉至 **2** 段速攪拌。在攪拌過程中，要記得分批加水拌勻。
2. 再加入奶油丁拌勻至出薄膜。
3. 把麵糰取出，蓋上保鮮膜，做醒麵糰動作 **1** 小時。
4. 做成自己愛的形狀，再醒半小時。
5. 將氣炸鍋預熱，麵糰表面塗上蛋黃液，再入氣炸鍋以 **170** 度烤 **15** 分鐘即可。

TIPS 氣炸鍋的烘焙功能預熱速度快，又可大大降低食物油脂，若家中沒有氣炸鍋，也可以用烤箱代替。

外酥內軟好口感

芒果布魯塞爾鬆餅

夏日正是芒果的盛產季，如何好好利用芒果的甜美做出好吃的下午茶？芒果布魯塞爾鬆餅，或許是你可以考慮的點心之一！熱乎乎的鬆餅，搭配甜蜜蜜的芒果，讓你快樂的度過一個整個下午時光！

PART 01
沙灘派對料理

PART 02
樂宵派對料理

PART 03
溫馨下午茶
料理

PART 04
野餐輕食料理

PART 05
露營野炊料理

PART 06
家聚小宴料理

材料 (4 人份)

高筋麵粉 **75g**
牛奶 **65g**
無鹽奶油 **15g**
酵母 1/2 茶匙
糖粉 **30g**
蛋 1 顆
芒果 半顆
鮮奶油 **100g**
糖粉 **30g**

好用配件

S 型攪拌刀片
S 型切碎刀片
乳化盤
2.4mm 不鏽鋼切盤

作法：

1. 裝上 **2.4mm** 不鏽鋼切盤，切片面凸面朝上，將芒果去皮去芯後的果肉加入食物調理機中切片。
2. 置換 **S** 型切碎刀片，轉至 **1** 轉速切片成芒果醬汁備用。
3. 置換 **S** 型攪拌刀片，將高筋麵粉、牛奶、無鹽奶油、酵母 1/2 茶匙、蛋黃加入食物調理機中，蓋好杯蓋，右轉至 **2** 段速，製成麵糊。
4. 裝上乳化盤，將蛋白、糖粉加入食物調理機中，蓋好杯蓋，轉至 **2** 轉速，製成蛋白霜。
5. 將蛋白霜倒入麵糊輕拌後，冷藏再使用。
6. 使用鬆餅機做出鬆餅，加上芒果醬汁點綴即可。

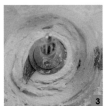

 TIPS 沒吃完可以冷藏，想吃時再雙面噴水放入氣炸鍋或烤箱回烤 **2~3** 分鐘，美味重現。

一見鍾情的滋味

日式抹茶甜甜圈餅乾

日式抹茶，有著淡淡的香醇味道，搭配可愛的裝飾，好看又好吃，勢必讓你對日式抹茶甜甜圈餅乾一見鍾情！

PART 01
沙灘派對料理

PART 02
樂宵派對料理

PART 03
溫馨下午茶
料理

PART 04
野餐輕食料理

PART 05
露營野炊料理

 PART 06
家聚小宴料理

材料（4 人份）

無鹽奶油 **100g**
糖粉 **40g**
低筋麵粉 **150g**
抹茶粉 **15g**
塔塔粉 **2.5g**

雞蛋 **1** 顆
蛋白 **1** 顆
白細砂糖 **150g**
檸檬汁 **2.5g**

好用配件

S 型攪拌刀片
乳化盤

作法：

1. 裝上 **S** 型攪拌刀片，將奶油、糖粉加入食物調理機中，蓋好杯蓋，右轉至 **2** 段速拌至淡黃色。
2. 加入過篩的低筋麵粉、抹茶粉、塔塔粉、雞蛋打至成麵糰。
3. 將麵糰壓膜至烤盤上，放入 **150** 度預熱 **3** 分鐘的氣炸鍋，再用 **170** 度烤 **12** 分鐘即可。
4. 裝上乳化盤，將蛋白、白細砂糖加入食物調理機中，蓋好杯蓋，轉至 **2** 轉速打發，再加檸檬汁，製成糖霜。
5. 將糖霜放入擠花袋中，在甜甜圈餅乾上裝飾即可。

TIPS
1. 在步驟 **2** 中可將抹茶粉換成可可粉，則為巧克力甜甜圈餅乾。
2. 氣炸鍋的烘焙功能預熱速度快，又可大大降低食物油脂，不過若家中沒有氣炸鍋，也可以用已預熱的烤箱以 **180** 度烘烤 **20** 分鐘。

独一無二的送禮小物
海鹽蛋白霜餅乾

可愛的心形、雪白的顏色，簡單的做法，含在嘴裡，
化在心裡，每一個獨一無二的海鹽蛋白霜餅乾，勢
必是你最佳的送禮小物！

PART 01
沙灘派對料理

PART 02
樂宵派對料理

PART 03
溫馨下午茶
料理

PART 04
野餐輕食料理

PART 05
露營野炊料理

PART 06
家聚小宴料理

 材料 (4 人份)

蛋白 **2** 個
細砂糖 **110g**
檸檬汁 **1/4** 茶匙
海鹽 少許
香草精 **2.5g**

好用配件

乳化盤

 作法：

1. 裝上乳化盤，將蛋白、檸檬汁加入食物調理機中，蓋好杯蓋，轉至 **2** 轉速，分批放入細砂糖、香草精，打成直立式蛋白。
2. 把蛋白糰用擠花袋在烘焙紙上擠上心型，撒上海鹽。
3. 先將烤箱預熱 **10** 分鐘，然後再把放在烤盤上的蛋白霜餅乾送入烤箱，以 **120** 度烤 **90** 分鐘。

TIPS 1. 分批放入糖粉較易打發蛋白。同時，室溫的蛋也比較易打發。
2. 依照烤箱不同，完成時間也有所不同，可視餅乾濕度調整。

讓你想續杯的飲品
糖漬蜂蜜檸檬飲

夏陽如火，看到好喝的冰品，只想一直續杯。糖漬蜂蜜檸檬飲就有這樣的魅力，讓你想要一杯喝完，再一杯！

PART 01	PART 02	PART 03	PART 04	PART 05	PART 06
沙灘派對料理	樂宵派對料理	溫馨下午茶料理	野餐輕食料理	露營野炊料理	家聚小宴料理

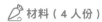 材料（4 人份）

蜂蜜 **200CC**
香水檸檬 **3** 顆
白砂糖 **50g**
冰塊 適量
薄荷葉 少許

 好用配件

1.2mm 不鏽鋼切盤

作法：

1. 裝上 **1.2mm** 不鏽鋼切盤，切片面凸面朝上，將香水檸檬加入食物調理機中，蓋好杯蓋，轉至 **2** 轉速切片取出。
2. 使用密封罐，一層檸檬一層白砂糖堆疊，最後以蜂蜜倒入填滿空隙。
3. 密封好的糖漬蜂蜜檸檬罐冰入冰箱。
4. 約 **2** 天後即可取出適量倒入杯中，加入水、冰塊、薄荷葉即可。

掃此 QRCode，觀看糖漬蜂蜜檸檬飲的食譜影片

 TIPS

1. 香水檸檬先冷凍半小時再切比較好切。而且要切之前最好先用鹽將表味苦味去除。切片越薄，檸檬釋放的苦味越少。
2. 香水檸檬也可使用萊姆、檸檬代替，但籽要去除。

Part 04
野餐輕食料理

德國香腸鹹派，
詳見 **P104**

經典中東料理

鷹嘴豆泥

鷹嘴豆又稱「雪蓮子」，是經典的中東料理，富含蛋白質及纖維質，低熱量低升糖指數，是健身減肥時的調控良品。在阿拉伯通常是配麵餅，也可以當沙拉醬、麵包抹醬、玉米餅沾醬，甚至直接挖來吃都美味無比。

PART 01 沙灘派對料理

PART 02 樂宵派對料理

PART 03 溫馨下午茶料理

PART 04 野餐輕食料理

PART 05 露營野炊料理

PART 06 家聚小宴料理

🍴 材料 (2 人份)

罐頭鷹嘴豆 **120g**
檸檬汁 **1** 大匙
蒜泥 半茶匙
橄欖油 **1** 大匙
紅椒粉 少許
鹽 適量

🥄 好用配件

研磨杯
果汁壺

🍲 作法:

1. 先用研磨杯將烘烤過的白芝麻處理成芝麻醬。

2. 將芝麻醬、橄欖油和檸檬汁放入果汁壺中,攪打 **1** 分鐘。

3. 加入鷹嘴豆和蒜泥攪打均勻,試吃並以鹽調味。

4. 盛盤後淋上橄欖油,撒上紅椒粉即可。

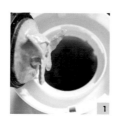

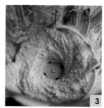

TIPS 鷹嘴豆泥因為營養美味低卡,先在歐美蔚為風潮,最近幾年在台灣也開始流行囉。如果口味較重的人,可以加入一些小茴香粉、巴西利等等,會更貼近印度中東口味。

來自印度的口味

蜜棗甜酸醬

酸甜醬（Chutney）是印度用來搭配肉類料理的醬料，常見的口味有芒果、甜椒蔬菜、番茄洋蔥、蔓越莓等等… 因為英國有很多印度移民，將夏季蔬果加上大量的糖和醋製作的 Chutney，便融合了西方飲食習慣，做出更多變化。這道食譜用來搭配羊肉或豬肉都很合適喔。

PART 01	PART 02	PART 03	PART 04	PART 05	PART 06
沙灘派對料理	樂育派對料理	溫馨下午茶料理	野餐輕食料理	露營野炊料理	家聚小宴料理

材料（2 人份）

橄欖油 1 茶匙
洋蔥 50g
蜜棗乾 100g
蔓越莓乾 50g
薑泥 半茶匙
小茴香籽 1/4 茶匙

紅椒粉 1/4 茶匙
乾辣椒片 1/4 茶匙
雪莉醋 100ml
細砂糖 150g
鹽 1/4 茶匙

好用配件

S 型切碎刀片

作法：

1. 裝上 S 型切碎刀片，將洋蔥加入食物調理機，蓋好杯蓋，向左轉至瞬間加速切碎。
2. 以萬用鍋無水烹調模式，將洋蔥和一茶匙的橄欖油下鍋，炒至柔軟，約 5 分鐘。
3. 裝上 S 型切碎刀片，將蜜棗乾、蔓越莓乾、薑泥、小茴香籽、紅椒粉、乾辣椒片、雪莉醋、細砂糖、鹽加入食物調理機，蓋好杯蓋，向左轉至瞬間加速中切碎。
4. 將食材放入萬用鍋中，以無水烹調烤排骨模式烹調，開蓋後繼續用無水烹調模式煮至收汁濃稠。
5. 放入玻璃密封罐中，可冷藏保存至少 3 個月。

  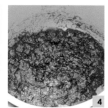 

TIPS

1. 使用萬用鍋的優點是一鍋搞定，在料理時用無水模式烹煮食材是利用食材本身水分所形成的高溫蒸氣來進行烹調，完整保留新鮮食材的原汁美味，而且低卡又健康，但若家裡沒有萬用鍋，也可以用炒鍋代替。
2. 薑泥也可以拿新鮮的薑放入磨研杯中打成泥來製作完成。

茄子咖哩抹醬

咖哩對印度人來說，就是將多種香料混合烹煮的意思，印度咖哩是以薑、丁香、肉桂、茴香、肉豆蔻、黑胡椒以及薑黃粉等數十種香料組成。茄子適合煮咖哩，和豬絞肉及咖哩醬拌炒，再加上椰奶，搭配印度烤餅 Naan 最棒，用麵包或印度香米佐食也不錯。

 材料（2 人份）

豬絞肉 **100g**
茄子 **1** 條
印度咖哩醬 **50g**
椰奶 **200ml**
香菜 適量

 好用配件

2.4mm 不鏽鋼切盤

作法：

1. 茄子縱切對半。
2. 裝上 **2.4mm** 不鏽鋼切盤，切片面凸面朝上，將茄子放入食物調理機中，蓋好杯蓋，轉至 **2** 轉速切片。
3. 將豬絞肉、茄子和咖哩醬放入鍋中，用萬用鍋無水烹調模式，拌炒 **5** 分鐘。
4. 加入椰奶，用無水烹調焗烤蔬菜模式，蓋上鍋蓋悶煮。起鍋後撒上香菜即可。

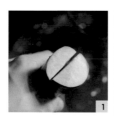   

 TIPS
1. 只要變換咖哩的種類，也可以做成日式咖哩或泰式咖哩的風味喔。
2. 使用萬用鍋的優點是一鍋搞定，在料理時用無水模式烹煮食材，是利用食材本身水分所形成的高溫蒸氣來進行烹調，完整保留新鮮食材的原汁美味，而且低卡又健康，但若家裡沒有萬用鍋，也可以用炒鍋代替。

法式小點
德國香腸鹹派

法式鹹派帶有蛋奶香的內餡加上酥鬆的派皮，通常是放涼了再吃。經典的歐洲野餐風格，一定要有各種乳酪、生菜、抹醬、法棍或歐式麵包、西式熟肉，香噴噴的鹹派和蛋糕，還要配上一瓶好酒。

🍴 PART 01 沙灘派對料理
🍴 PART 02 樂宵派對料理
🍴 PART 03 溫馨下午茶料理
🍴 **PART 04** 野餐輕食料理
🍴 PART 05 露營野炊料理
🍴 PART 06 家聚小宴料理

🥕 材料（2 人份）

低筋麵粉 **100g**
鹽 **1/4** 茶匙
蛋黃 **1** 顆
鮮奶 **1** 大匙
無鹽奶油 **150g**
洋蔥 半顆
德國香腸 **2** 根
鮮奶油 **85g**

雞蛋 **1** 顆
蛋白 **1** 顆
鹽 **1/4** 茶匙

🔪 好用配件

S 型攪拌刀片
S 型切碎刀片
2.4mm 不鏽鋼切盤

🍲 作法：

1. 裝上 **S** 型攪拌刀片，將低筋麵粉、鹽、蛋黃、鮮奶、無鹽奶油加入食物調理機中處理，不要打太久，直到呈現珍珠砂礫狀，製成鹹派麵糰。

2. 大盆中鋪保鮮膜，將鹹派麵糰倒入盆中，用保鮮膜包起來，壓成圓扁狀，冷藏半小時以上。麵糰冷藏鬆弛的期間，製作內餡。裝上 **S** 型切碎刀片，將洋蔥加入食物調理中，蓋好杯蓋，向左轉至瞬間加速中切碎。

3. 置換 **2.4mm** 不鏽鋼切盤，切片面凸面朝上，將德國香腸加入食物調理機中，蓋好杯蓋，轉至 **2** 轉速切片。萬用鍋以無水烹調模式熱鍋，將橄欖油、洋蔥和德國香腸下鍋，拌炒 **5** 分鐘。

4. 裝上乳化盤，將鮮奶油、雞蛋、蛋白、1/4 茶匙鹽攪拌均勻，製成蛋奶液。

5. 氣炸鍋預熱至 **170** 度，派皮取出，擀成半公分厚度，放入蛋糕模中貼好。烘焙紙搓揉柔軟，鋪在派皮上，倒入烘焙重石，用 **170** 度烤 **10** 分鐘。

6. 將烘焙紙和重石取出，倒入炒好的餡料還有蛋奶液，再用 **160** 度烤 **20** 分鐘。

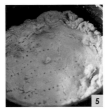

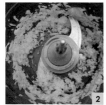

TIPS

1. 派皮酥鬆的口感，源自於冷奶油顆粒分布在麵糰中，烘烤時奶油顆粒溶化，組織就會鬆散有層次，所以用食物調理機，只需要數秒的時間，就能完成派皮處理，保持麵糰冰涼，奶油組織不要融化，是美味的重點。

2. 烤派皮有個盲烤的步驟，派皮先烤好再填餡，能避免內餡造成塔皮太過濕潤。在塔皮覆蓋烘焙紙再放上重石，如此塔皮底部能保持平整。可以使用專用的烘焙石，或是用豆子或生米取代。

3. 氣炸鍋的烘焙功能預熱速度快又可大大降低食物油脂，不過若家裡沒有氣炸鍋，也可以用烤箱代替。

香氣誘人的鹹蛋糕

法式菇蕈鹹蛋糕

法式鹹蛋糕是法國媽媽的家常料理，和鹹派一樣，餡料可以自由搭配。蔬菜如蘑菇、洋蔥、番茄、橄欖等，最好先炒鍋，降低水分濃縮香氣。肉類如火腿、培根、燻鮭等，與蛋奶麵拌勻後烘烤。

PART 01	PART 02	PART 03	PART 04	PART 05	PART 06
沙灘派對料理	樂育派對料理	溫馨下午茶料理	野餐輕食料理	露營野炊料理	家聚小宴料理

材料（2 人份）

奶油 **2** 大匙
洋菇 **1** 盒（約 **200** 克）
香菇 **1** 盒（約 **100** 克）
百里香 **1/4** 茶匙
鹽 半茶匙
雞蛋 **4** 顆
鮮奶 **100ml**

橄欖油 **150ml**
無糖優格 **50g**
鹽 **3/4** 茶匙
黑胡椒 適量
麵粉 **250g**
泡打粉 **1** 茶匙

好用配件

乳化盤
2.4mm 不鏽鋼切盤

作法：

1. 裝上 **2.4mm** 不鏽鋼切盤，切片面凸面朝上，將洋菇放入食物調理機中切片。
2. 萬用鍋無水烹調模式熱鍋，將奶油、洋菇、香菇、百里香和半茶匙鹽下鍋，拌炒至菇蕈水分收乾，約 **5 ～ 10** 分鐘（鍋蓋開著），製成奶油炒菇蕈。
3. 裝上乳化盤，將雞蛋、鮮奶、橄欖油、無糖優格、鹽、黑胡椒攪拌均勻，製成蛋奶液。
4. 將麵粉和泡打粉過篩後，加入蛋奶液，用刮刀拌勻。
5. 再加入步驟 **2** 的奶油炒菇蕈攪拌均勻，倒入模具中。
6. 用氣炸鍋以 **170** 度烤 **30** 分鐘，或烤至表面金黃內裡熟透。

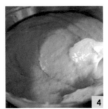

TIPS 氣炸鍋的烘焙功能預熱速度快，又可大大降低食物油脂，不過若家裡沒有氣炸鍋，也可以用烤箱代替。

檸檬磅蛋糕

清香微酸的蛋糕

清香微酸的檸檬磅蛋糕，濕潤柔軟不甜膩。磅蛋糕是入門款甜點，做法和食材都很簡單，奶油、麵粉和砂糖各一磅是名稱的由來。

材料（2 人份）

無鹽奶油 **105g**
細砂糖 **85g**
鹽 **1g**
檸檬皮屑 **1** 茶匙（約 **1** 顆的量）
蛋液 **90g**（不到 **2** 顆的量）
鮮奶 **30g**
檸檬或檸檬汁 **30g**
低筋麵粉 **115g**
泡打粉 **1** 茶匙

好用配件

榨汁器
S 型攪拌刀片

作法：

1. 使用榨汁器，榨出約 **30g** 的新鮮檸檬汁。
2. 裝上 **S** 型攪拌刀片，將奶油、細砂糖、鹽和檸檬皮屑放入食物調理機中，蓋好杯蓋，攪拌均勻。
3. 分次加入蛋液、鮮奶和檸檬汁，攪拌均勻。加入過篩的麵粉和泡打粉，攪拌均勻，約 **10** 秒鐘。
4. 磅蛋糕模鋪入烘焙紙，將麵糊倒入模具中。氣炸鍋預熱到 **160** 度，放入蛋糕模，烤 **20** 分鐘。

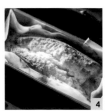

TIPS

1. 氣炸鍋的烘焙功能預熱速度快，又可大大降低食物油脂，不過若家裡沒有氣炸鍋，也可以用烤箱代替。
2. 烤到 5 分鐘的時候暫停，用小刀在蛋糕中間劃一刀，裂痕才會在漂亮的位置。用小刀插入蛋糕取出沒有沾黏麵糊就是熟透了，如果已經金黃上色但中心未熟，則蓋上鋁箔紙繼續烤熟。
3. 這是款室溫品嘗的蛋糕，冷藏保存 3-5 天，享用前先退冰一小時，口感才會濕潤柔軟喔。

有台式媽媽的好味道
青椒肉絲包飯糰

現在日本非常流行主食和配料用海苔緊緊包裹的飯糰包法，因為容易做也方便吃，吃的時候不會用髒手，飯糰也不會鬆散掉餡，中間的餡料可以隨性變化。

材料（2 人份）

梅花豬肉絲 **200g**
青椒 **1** 顆
薑末 **1** 茶匙
蒜末 **1** 茶匙
醬油膏 **1** 大匙
沙拉油 少許

好用配件

果汁壺
2.4mm 不鏽鋼切盤

作法：

1. 裝上 **2.4mm** 不鏽鋼切盤，切絲面凸面朝上，將青椒放入食物調理機中切絲。
2. 先將肉絲用一大匙的醬油、米酒、麵粉、植物油，醃拌入味。倒一點油將萬用鍋熱鍋後，依序將薑末、蒜末爆香，再將肉絲下鍋拌炒至熟。
3. 青椒和醬油膏下鍋拌炒約一分鐘，試吃調味後盛起備用。
4. 桌面墊保鮮膜，依序放上海苔、白飯、餡料、白飯，用飯匙壓平整形。
5. 將海苔四角折起來緊緊包住。然後拆掉保鮮膜，切成兩半即可。

1

2

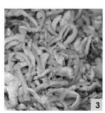
3

4

5

TIPS 怕大火炒會把廚房弄得油油的，建議可以改用萬用鍋無水烹調功能熱鍋後，不用油，即可將肉絲、薑末和蒜末下鍋拌炒至熟，既健康又美味。

野餐小吃好滋味
蔥蛋肉鬆飯卷

對於大多數人而言,學生時期早餐的記憶都少不了「飯糰加蛋配冰豆漿」。蔥蛋肉鬆飯卷讓你重新回溫青春歲月!肉鬆的香脆,搭配熱乎乎的白米飯,再捲上一層香噴噴的蔥蛋,重新排列組合,做成小巧的飯卷,用可愛的叉子固定,讓野餐充滿樂趣!

PART 01
沙灘派對料理

 PART 02
樂宵派對料理

 PART 03
溫馨下午茶
料理

 PART 04
野餐輕食料理

 PART 05
露營野炊料理

 PART 06
家聚小宴料理

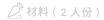 材料（2 人份）

雞蛋 **2** 顆
蔥 **1** 根
鹽 **1/4** 茶匙
白飯 **1** 碗
肉鬆 **4** 大匙

 好用配件

S 型攪拌刀片

作法：

1. 裝上 **S** 型攪拌刀片，將蔥、雞蛋、和鹽混合，然後用食物調理機將蔥蛋液攪拌均勻。
2. 在鍋裡倒一點油熱鍋，並使油均勻平鋪，將蔥蛋液分兩份，依序煎成兩張蔥蛋皮。蓋上鍋蓋，約 **5-8** 分鐘。
3. 桌面墊壽司卷簾或矽膠墊，依序放上蔥蛋皮、白飯、肉鬆，用飯匙壓平整形。
4. 一邊將捲壽司卷簾或矽膠墊往內捲，一邊壓緊，收口朝下或是朝上用小叉子固定。
5. 將兩個飯卷切成 **12** 份即可。

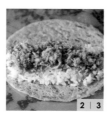 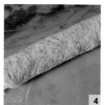 

TIPS 使用萬用鍋無水烹調功能熱鍋，只要用一點點的油即可將蔥蛋液煎成兩張蔥蛋皮，即健康又美味。

下酒佐菜的銷魂味

豆腐磯邊燒

豆腐磯邊燒小巧玲瓏的外型,如同小仙貝一樣可愛,鬆軟鹹香的口感,讓消夜或野餐小酌兩杯清酒梅酒之際,也可嘗到飄著蛋香、佐上蔬菜的豆腐在喉嚨滑過的銷魂味。儘管豆腐磯邊燒煎至過程比較耗時,但美味的口感、討喜的外形,搭配極低的成本,一定能成為你必備的野餐下酒菜之一!

PART 01
沙灘派對料理

PART 02
樂宵派對料理

PART 03
溫馨下午茶料理

PART 04
野餐輕食料理

PART 05
露營野炊料理

PART 06
家聚小宴料理

材料（2 人份）

板豆腐 **200g**（約半盒）	味醂 **1** 大匙
香菇 **2** 朵	麻油 **1** 茶匙
紅蘿蔔 **30g**	海苔 適量
雞蛋 **2** 顆	醬油 **1** 茶匙
醬油 **3** 大匙	蜂蜜 **1** 茶匙

好用配件

S 型攪拌刀片

作法：

1. 將板豆腐用四張廚房紙巾壓乾水分和香菇、紅蘿蔔、雞蛋、**3** 大匙醬油混合。
2. 裝上 **S** 型攪拌刀片，將步驟 **1** 食材放入食物調理機中，攪拌成泥狀。
3. 用冰淇淋挖勺或湯匙，挖成數塊豆腐泥，放上一小片海苔。
4. 將豆腐泥放入萬用鍋中，以無水烹調模式，兩面各煎 **5** 分鐘（蓋上鍋蓋），每次可煎 **3 ～ 4** 塊豆腐泥。
5. **1** 茶匙醬油和蜂蜜攪拌均勻後，用湯匙背面沾抹在豆腐磯邊燒上即可。

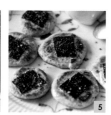

TIPS
1. 建議可以改用萬用鍋無水烹調功能能熱鍋後，不用油，即可將豆腐泥煎熟，即健康又美味。
2. 將豆腐磯邊燒做好，可分裝冷凍，保存期限約 **3 ～ 4** 週。要吃時，平鋪於氣炸鍋煎烤盤上，**180°C** 烤 **2** 分鐘即可。

DIY 的健康輕食

鮪魚玉米三明治

鮪魚和玉米加了美乃滋，口感更是香甜滑順，用金
黃香酥的烤吐司夾起來，就是讓人開心的輕食餐
點！而且自製美乃滋的做法和食材都很簡單，自己
做快速方便還能為健康把關。

材料（2 人份）

蛋黃 **1** 顆
冰糖或砂糖 **50g**
鹽巴 **1/4** 茶匙
沙拉油 **150ml**
檸檬汁 **2** 匙
罐頭鮪魚 **80g**

玉米 **100g**
美乃滋 **3** 匙
鹽 適量
黑胡椒 適量
烤吐司 **6** 片

好用配件

乳化盤
研磨杯

作法：

1. 裝上研磨杯，將冰糖或砂糖研磨成糖粉。
2. 裝上乳化盤，將蛋黃、糖粉和 **1/4** 茶匙鹽攪拌均勻。持續攪拌，將沙拉油慢慢加入，剛開始時候要少加一些，呈現乳化狀態再加快倒油的速度，試吃並調味，製成美乃滋。
3. 將鮪魚、玉米和美乃滋攪拌均勻，用鹽和黑胡椒調味。
4. 吐司用氣炸鍋以 **180** 度烤 **3** 分鐘。再將吐司夾入鮪魚玉米內餡後，分切成適當大小即可。

1 | 2 | 3 | 4

TIPS 氣炸鍋的烘焙功能預熱速度快，又可大大降低食物油脂，不過若家裡沒有氣炸鍋，也可以用烤箱代替。

台式口感吐司
小黃瓜吐司卷

美乃滋和番茄醬 2：1 的比例調和，就是台灣人最愛的千島醬。吐司去邊壓扁，抹上千島醬並捲起小黃瓜絲，一口享用的小巧比例，是野餐最完美的姿態。

PART 01
沙灘派對料理

PART 02
樂宵派對料理

PART 03
溫馨下午茶料理

PART 04
野餐輕食料理

PART 05
露營野炊料理

PART 06
家聚小宴料理

材料（2 人份）

小黃瓜 半根
鹽 少許
美乃滋 **2** 大匙
番茄醬 **1** 大匙
吐司 **2** 片

好用配件

乳化盤
2.4mm 不鏽鋼切盤

作法：

1. 將小黃瓜洗淨，裝上 **2.4mm** 不鏽鋼切盤，切絲面凸面朝上，將小黃瓜放入食物調理機中，轉至 **1** 轉速切絲，撒上少許鹽拌勻。
2. 美乃滋和番茄醬用乳化盤攪拌均勻，變成千島醬。吐司去邊壓扁，抹上一半面積的千島醬，放上小黃瓜絲，緊緊的捲起來。

TIPS 美乃滋可以自製。裝上乳化盤，將蛋黃、糖粉和鹽攪拌均勻。持續攪拌，將沙拉油慢慢加入，剛開始時候要少加一些，呈現乳化狀態再加快倒油的速度，試吃並調味，製成美乃滋。更詳細做法可參考前一頁的「鮪魚玉米三明治」。

浪漫豐盛的早午餐
糖粉法式吐司

法式長棍麵包或吐司，泡蛋奶液做成法式吐司。表面金黃焦香，咬下去那濕潤柔軟的質地，還有迷人的香氣，簡單的搭配糖粉或蜂蜜就很浪漫，也可以變化為豐盛早午餐 Style！

PART 01
沙灘派對料理

PART 02
樂宵派對料理

PART 03
溫馨下午茶
料理

PART 04
野餐輕食料理

PART 05
露營野炊料理

PART 06
家聚小宴料理

材料（2 人份）

法式長棍麵包 半根
雞蛋 1 顆
鮮奶 100ml
糖粉 2 大匙
蜂蜜 適量

好用配件

乳化盤
研磨杯

作法：

1. 裝上乳化盤，將雞蛋、鮮奶攪打成蛋奶液。
2. 將蛋奶液倒入深烤盤，將麵包切片浸泡其中，冷藏隔夜。將吸滿蛋奶液的麵包，
   用氣炸鍋搭配煎烤盤，以 170 度烤 5 分鐘。
3. 裝上研磨杯，將砂糖或冰糖研磨成糖粉。
4. 在吐司上撒上糖粉，依喜好搭配果醬或蜂蜜即可。

TIPS 氣炸鍋的烘焙功能預熱速度快，且煎烤功能又可大大降低食物油脂，不過若家裡沒有氣炸鍋，
也可以用烤箱代替。

清爽方便的點心
水果優格沙拉

大餐後覺得身體負擔比較重的日子,水果優格沙拉是個不錯的輕斷食替代品,連續三天,不但身體輕鬆許多,皮膚也會恢復光澤!作為野餐料理,也是清爽又方便享用的點心喔。再淋上優格,搭配喜歡的果乾一同享用,真是享受。

PART 01
沙灘派對料理

PART 02
樂宵派對料理

PART 03
溫馨下午茶料理

PART 04
野餐輕食料理

PART 05
露營野炊料理

PART 06
家聚小宴料理

材料（2 人份）

蘋果 **1** 顆
芭樂 **1** 顆
優格 **1** 小杯（約 **200g**）
果乾 **2** 大匙
薄荷葉 少許
鹽 **1/4** 茶匙
開水　約 **200ml**

好用配件

不鏽鋼切條刀盤

作法：

1. 蘋果去核，芭樂去除蒂頭和屁股，縱切 **6** 等份備用。食物調理機中加半滿的清水和鹽，搭配不鏽鋼切條刀盤，將蘋果和芭樂切條，瀝乾鹽水。
2. 將蘋果條和芭樂條盛盤或裝在容器中，淋上優格，撒上果乾和薄荷即可。

 TIPS
1. 可先用鹽水泡蘋果條，防止蘋果氧化。
2. 水果也可用其他水果替換，如香瓜、水梨…等等。

Part 05
露營野炊料理

波隆那番茄肉醬，
詳見 **P134**

色香味俱全的排類

紅酒蘑菇漢堡排

煎漢堡排很需要技巧，最怕外焦內生，與紅酒蘑菇醬一同煨煮，漢堡排香又多汁，醬汁也有牛肉的鮮美。紅酒蘑菇醬除了用來煨煮漢堡排，用來燉雞腿肉，或是當牛排佐醬也很合適。

材料（2人份）

洋蔥 **300g**（約 1 大顆）	蘑菇 **150g**（約 1 盒）
牛絞肉 **400g**	麵粉 1 茶匙
豬絞肉 **200g**	紅酒 **100ml**
吐司 **1** 片	高湯 **100ml**
鮮奶 **60ml**	鹽 適量
雞蛋 **1** 顆	黑胡椒 適量
鹽 **1/4** 茶匙	

好用配件

S 型切碎刀片　　　研磨杯
2.4mm 不鏽鋼切盤　S 型攪拌刀片

作法：

1. 裝上 S 型切碎刀片，將洋蔥加入食物調理機中，蓋好杯蓋，向左轉至瞬間加速中切碎。
2. 將洋蔥和一茶匙的橄欖油下鍋，以萬用鍋無水烹調模式，炒至柔軟轉黃，約 **10** 分鐘。炒好的洋蔥，先盛起一半備用。另一半洋蔥加入紅蘿蔔碎和西芹碎，拌炒均勻。
3. 裝上 **2.4mm** 不鏽鋼切盤，切片面凸面朝上，將蘑菇加入食物調理機中，蓋好杯蓋，轉至 **2** 轉速切片。
4. 將蘑菇和一茶匙的橄欖油下鍋，以萬用鍋無水烹調模式，炒至柔軟，撒上麵粉拌炒均勻。倒入紅酒煮滾後，加入高湯拌煮均勻，盛起備用。
5. 裝上研磨杯，將吐司和鮮奶攪拌均勻。
6. 裝上 S 型攪拌刀片，將半份炒好的洋蔥碎、牛絞肉、豬絞肉、吐司、鮮奶、雞蛋、**1/4** 茶匙鹽、黑胡椒攪拌均勻，製成漢堡肉。
7. 取適量漢堡肉，在雙手間拋打摔出空氣，讓漢堡排組織緊實。用萬用鍋無水模式，鍋內刷上少許的油脂，漢堡排下鍋煎至上色。
8. 翻面也煎上色後，加入步驟 **2 ～ 4** 所製作的醬汁，蓋上鍋蓋，用無水烹調烤雞模式加熱至熟，料理完成後試吃調味即可。

TIPS 萬用鍋的無水烹調，可利用食材本身水分所形成的高溫蒸氣來進行燒烤，完整保留新鮮食材的原汁美味，而且鮮香嫩脆，低卡又健康。但若家裡沒有萬用鍋，也可以用煎炒鍋代替

歐式宮廷規格的料理

普羅旺斯蔬菜燉雞

PIXAR 電影《料理鼠王》中，讓美食評論家大為驚豔的「Ratatoulli」（普羅旺斯燉菜），是法國餐桌常見的家常菜，運用食物調理機，輕鬆將食材切成薄片，就能完成美麗的成品。

🍴 PART 01 沙灘派對料理
🍴 PART 02 樂宵派對料理
🍴 PART 03 溫馨下午茶料理
🍴 PART 04 野餐輕食料理
🍴 PART 05 露營野炊料理
🍴 PART 06 家聚小宴料理

材料 (2 人份)

雞翅 **2** 隻切段（約 **200g**）
鹽 適量
黑胡椒 適量
洋蔥 半顆
紅甜椒 **1** 顆
整粒番茄罐頭 **50g**
羅勒 **1/4** 茶匙

百里香 **1/4** 茶匙
白酒 **50ml**
黃櫛瓜 **1** 根
綠櫛瓜 **1** 根
茄子 **1** 根
番茄 **2** 顆

好用配件

2.4mm 不鏽鋼切盤
果汁壺

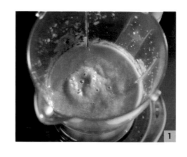

作法：

1. 將洋蔥、紅甜椒、整粒番茄罐頭、羅勒、百里香、白酒加入食物調理機的果汁壺中，蓋好杯蓋，向左轉攪拌均勻，製成醬汁。
2. 雞翅撒上鹽和黑胡椒，用氣炸鍋搭配煎烤盤，以 **180** 度烤 **10** 分鐘，或至表面金黃焦香。然後將醬汁和雞翅放入萬用鍋中，以米飯模式烹煮。
3. 將食物調理機更換刀片為 **2.4mm** 不鏽鋼切盤，切片面凸面朝上，再將櫛瓜、茄子和番茄，去除蒂頭後，分別加入食物調理機中，蓋好杯蓋，右轉至 **2** 段速切片。
4. 將蔬菜片加入萬用鍋中，攪拌均勻，以無水烹調模式將時蔬烹煮。加上適量的鹽巴、黑胡椒調味即可。

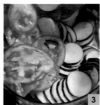

TIPS

1. 歐洲料理多用長型的羅馬番茄，台灣比較難買到新鮮的羅馬番茄，可以在醬汁部分使用歐洲進口罐頭，酸香滋味比較充足。
2. 萬用鍋的無水模式烹煮食材是利用食材本身水分所形成的高溫蒸氣來進行烹調，完整保留新鮮食材的原汁美味，而且低卡又健康，但若家裡沒有萬用鍋，可用一般煎炒鍋取代。至於氣炸鍋的烘焙功能預熱速度快，又可大大降低食物油脂，不過若家中沒有氣炸鍋，也可以用烤箱代替。

嗅覺、視覺的雙享盛宴
茴香籽豬排燉洋蔥

義大利的 Porchetta 是用豬肩肉片，捲起各種香料熬煮的洋蔥糊，低溫慢烤後切薄片，夾在切對半的巧巴達麵包中享用。這道料理就是受 Porchetta 啟發，將梅花豬排裹上以茴香籽尾主調的香料鹽麵粉，煎烤到金黃上色。

🥕 材料（2 人份）

奶油 **1** 大匙	麵粉 **1** 大匙
洋蔥 **1** 顆	白酒 **100ml**
蒜碎 **1/2** 茶匙	梅花豬排 **2** 塊
小茴香籽 **1** 茶匙	小茴香籽 **2** 茶匙
丁香粉 少許	丁香粉 少許
迷迭香 少許	迷迭香 少許
月桂葉 **1** 片	鹽 **1/2** 茶匙
鹽 **1/4** 茶匙	麵粉 **2** 大匙

🔪 好用配件

2.4mm 不鏽鋼切盤
S 型攪拌刀片

🍲 作法：

1. 裝上 **2.4mm** 不鏽鋼切盤，切片面凸面朝上，將洋蔥放入食物調理機中，蓋好杯蓋，轉至 **1** 轉速切片。
2. 置換 **S** 型攪拌刀片，將小茴香籽兩茶匙、丁香粉少許、迷迭香少許、鹽巴半茶匙、麵粉兩大匙攪拌成香料麵粉。
3. 建議可以用萬用鍋無水烹調功能熱鍋，將奶油、洋蔥、蒜碎、小茴香籽、丁香粉、迷迭香、月桂葉、鹽拌炒 **20** 分鐘，至軟化帶黃色。
4. 香料麵粉混合均勻，均勻沾裹在豬排表面，拍去多餘的香料麵粉後，搭配氣炸鍋煎烤盤，以 **180** 度烤 **8** 分鐘，翻面後再烤 **8** 分鐘。
5. 將洋蔥加入麵粉拌炒均勻，加入白酒和豬排，煮 **10** 分鐘，試吃調味即可。

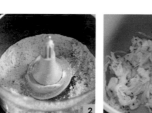

TIPS
1. 萬用鍋的無水烹調，可利用食材本身水分所形成的高溫蒸氣來進行燒烤，完整保留新鮮食材的原汁美味，而且鮮香嫩脆，低卡又健康。但若家裡沒有萬用鍋，也可用煎炒鍋代替。
2. 氣炸鍋的烘焙功能預熱速度快，又可大大降低食物油脂，不過若家中沒有氣炸鍋，也可以用烤箱代替。

畫龍點睛的那一抹醬
鳳梨蘋果莎莎醬

莎莎是拉丁美洲醬料的意思，通常帶有粗獷的質地口感。台灣從五月開始就盛產鳳梨，用來製作這款酸甜清香的莎莎醬，很適合搭配油脂豐厚的鮭魚、鮪魚、豬肉等的料理。

🥄 材料（2 人份）

鳳梨 **100g**	檸檬汁 **1** 大匙
番茄 **100g**	橄欖油 **3** 大匙
蘋果 **100g**	鹽 **1/4** 茶匙

🔪 好用配件

S 型切碎刀片

🍲 作法：

1. 裝上 S 型切碎刀片，將削好的鳳梨、番茄、去皮的蘋果、檸檬汁及橄欖油放入食物調理機中切碎，試吃調味即可。放鹽主要在提味。

TIPS 如果手邊有新鮮薄荷或洋香菜，也可以依喜好加入增添風味。

簡單沙拉輕鬆做
蘋果西芹沙拉

清爽的簡單沙拉，切成薄片的口感很好，可以依喜好撒上果乾堅果，用青蘋果來做就更棒了，爽脆清甜又健康。這道沙拉適合用來搭配任何主餐，為飲食多一些維生素和纖維質均衡營養。

材料（2 人份）

蘋果 **1** 顆
西芹 **2** 根
橄欖油 **3** 大匙
白酒醋 **1** 大匙
鹽 適量

好用配件

1.2mm 不鏽鋼切盤

作法：

1. 蘋果去核，縱切 **6** 等份。在食物調理機中加半滿的清水和半茶匙的鹽，裝上 **1.2mm** 不鏽鋼切盤，切片面凸面朝上，將蘋果放入食物調理機中，蓋好杯蓋，轉至 **2** 段速切片後，並瀝乾鹽水。
2. 西芹去除粗纖維後，一樣用 **1.2mm** 不鏽鋼切盤，切片面凸面朝上，將西芹切片處理，並瀝乾水分。
3. 將蘋果、西芹、鹽拌勻，淋上白酒醋和橄欖油拌勻後，試吃調味即可。

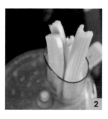

 TIPS 鹽水可以防止蘋果氧化。

黯然銷魂的美食
波隆那番茄肉醬

「Bolognese Sauce」是義大利傳統番茄肉醬，沒有其他香料輔佐，只有最簡單的蔬菜和絞肉，經典是搭配寬版義大利麵（Tagliatelle），但也能變化成焗烤飯、千層麵、搭配馬鈴薯或焗烤茄子等等，可說是冷凍庫常備經典醬料。

🍽 PART 01
沙灘派對料理

🍽 PART 02
樂宵派對料理

🍽 PART 03
溫馨下午茶
料理

🍽 PART 04
野餐輕食料理

🍽 **PART 05**
露營野炊料理

🍽 PART 06
家聚小宴料理

✍ 材料（2 人份）

培根 **100g**
洋蔥 **2** 顆
紅蘿蔔 半根
西芹 **1** 根
豬絞肉 **600g**

番茄糊 **2** 大匙
紅酒 **100ml**
切碎的番茄 **500g**
高湯 **1000ml**
鹽 適量

🔧 好用配件

S 型切碎刀片

🍲 作法：

1. 裝上 S 型切碎刀片，將培根加入食物調理機中切碎取出備用。
2. 再將洋蔥、紅蘿蔔、西芹加入食物調理機中切碎。
3. 用萬用鍋以無水烹調模式熱鍋，將培根下鍋炒三分鐘。
4. 將洋蔥、紅蘿蔔和西芹下鍋，拌炒 **5 ～ 10** 分鐘至水分收乾。
5. 將絞肉下鍋翻炒至熟，加入番茄糊拌炒均勻，再加入紅酒下鍋煮滾。
6. 將番茄和高湯下鍋，以密封牛肉模式燉煮完成，最後試吃並以鹽調味即可。
7. 將水煮滾加鹽，把寬版義大利麵煮熟瀝乾，再加上肉醬，即是好吃的波隆那番茄肉醬義大利麵。

1

2

3

4

5

6 | 7

TIPS
1. 番茄罐頭味道會比較道地，如果用新鮮番茄則要搭配番茄糊補足味道，番茄糊可以在大超市或網路購買。
2. 萬用鍋的無水模式烹煮食材是利用食材本身水分所形成的高溫蒸氣來進行烹調，完整保留新鮮食材的原汁美味，而且低卡又健康，但若家裡沒有萬用鍋，可用一般煎炒鍋取代。

口感清脆的涼拌美食
酒醋櫛瓜沙拉

櫛瓜不用去皮，只需要去除蒂頭切片，簡單用大蒜和橄欖油清炒就很好吃。切成薄片做沙拉口感也很棒，而且更能完整保留營養。這款沙拉無論是搭配肉類或海鮮料理都非常合適喔。

材料（2 人份）

黃櫛瓜 1 條
綠櫛瓜 1 條
鹽 1/4 茶匙
雪莉酒醋 1 大匙
橄欖油 3 大匙

好用配件

2.4mm 不鏽鋼切盤

作法：

1. 裝上 **2.4mm** 不鏽鋼切盤，切片面凸面朝上，將櫛瓜加入食物調理機中，蓋好杯蓋，轉至 **2** 轉速切片。
2. 加入鹽拌勻冷藏靜置一小時。
3. 加入酒醋和橄欖油拌勻即可。

 TIPS

1. 櫛瓜多是外國進口，但自從台灣本土成功種種後，在菜市場也能買到，選購越小條口感越好。
2. 酒醋可依喜好選用雪莉酒醋、白酒醋、紅酒醋、或巴薩米克酒醋。
3. 可以加入新鮮的百里香或羅勒等增添風味。

韓式口味爽爽吃

珠蔥海鮮煎餅

傳説韓國煎餅是在下雨天，孩子不能出門玩耍，媽媽為了安撫孩子的壞心情，所以一起在家煎餅來吃。所以下雨天的日子，韓國人就會想吃煎餅，是不是很有趣呢？

 PART 01
沙灘派對料理

 PART 02
樂宵派對料理

PART 03
溫馨下午茶料理

PART 04
野餐輕食料理

PART 05
露營野炊料理

PART 06
家聚小宴料理

材料（2 人份）

綜合海鮮 **200g**
韓國煎餅粉 **100g**
冰水 **300ml**
蔥 1 根
鹽 半茶匙

雞蛋 **2** 顆
醬油 **1** 大匙
清水 **1** 大匙
白醋 半大匙
細砂糖 **1** 茶匙

好用配件

S 型切碎刀片

作法：

1. 將海鮮處理好，切小塊。煮約 **500ml** 的滾水，加半茶匙的鹽，將海鮮入鍋汆燙 **30** 秒，撈起後冷藏備用。
2. 裝上 **S** 型切碎刀片，將蔥和雞蛋加入食物調理機中，切碎攪拌均勻。再加入煎餅粉和冰水，攪拌均勻。
3. 將麵糊和海鮮拌勻，萬用鍋用無水烹調模式熱鍋，加入 **1** 大匙的沙拉油，將海鮮麵糊下鍋，蓋上鍋蓋烹調約 **10** 分鐘。將煎餅放到氣炸鍋搭配煎烤盤，以 **180** 度烤 **5** 分鐘。
4. 將醬油、清水、白醋、細砂糖攪拌均勻，製成醬汁。在煎餅上，淋上醬汁即可。

1

2

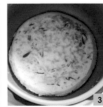

3

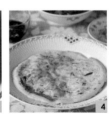

4

TIPS
1. 若希望煎餅口感焦酥，先用多一點的油煎，然後再用氣炸鍋，利用熱風循環烘去多餘油脂，表面就會金黃酥脆啦，比起傳統在爐上大火油煎，這樣做法油煙更少更健康。如果是給孩子吃的，或喜歡像蛋餅那樣的口感，萬用鍋的內鍋就只需要抹薄薄一層油，把兩面煎熟，也不需要再用氣炸鍋烘烤。不過若家裡沒有萬用鍋或氣炸鍋也沒關係，可以用一般煎炒鍋來代替也行。
2. 汆燙過海鮮的湯就是高湯，可以用來煮海帶湯。

韓式雜菜冬粉

來自韓國的好滋味

這道料理在韓文唸起來就是台語發音的雜菜,傳統是要將每種食材分開炒好,然後全部拌在一起。但也可以一起炒。韓國冬粉偏灰褐色,是用地瓜做的,口感非常有彈性。

材料（2 人份）

綜韓國冬粉 **100g**
豬肉絲 **50g**
乾香菇 **3** 朵
洋蔥絲 半顆
紅蘿蔔絲 **30g**
菠菜 **1** 把

清水 **50ml**
醬油 **1** 大匙
細砂糖 **1** 茶匙
蒜碎 **1/4** 茶匙
麻油 **1** 茶匙
芝麻 **1** 茶匙

好用配件

2.4mm 不鏽鋼切盤

作法：

1. 將菠菜洗淨切段。將乾香菇以水泡軟，裝上 **2.4mm** 不鏽鋼切盤，切絲面凸面朝上，將香菇放入食物調理機中，蓋好杯蓋，轉至 **2** 段速刨絲。再用同樣方式，將洋蔥絲和紅蘿蔔刨絲。將韓國冬粉用水泡軟（泡水時間約一小時），剪成三等份。
2. 將清水、醬油、細砂糖、蒜碎、麻油、芝麻攪拌均勻，製成醬汁。舀一大匙醬汁來醃豬肉絲。
3. 萬用鍋用無水烹調模式熱鍋，將香菇絲和豬肉絲瀝乾水分，下鍋拌炒 **3** 分鐘。
4. 將洋蔥絲和紅蘿蔔絲下鍋拌炒至洋蔥透明軟化，約 **5** 分鐘。
5. 冬粉瀝乾水分，同醬汁下鍋拌煮至收汁，加入菠菜拌炒至熟，試吃調味即可。

1

2

3

4

5

 TIPS
1. 雜菜炒好熱熱享用，或是冷藏後冰涼涼的吃也很美味。
2. 萬用鍋的無水烹調，可利用食材本身水分所形成的高溫蒸氣來進行燒烤，完整保留新鮮食材的原汁美味，而且鮮香嫩脆，低卡又健康。但若家裡沒有萬用鍋，也可用一般煎炒鍋替代。

老少咸宜的好滋味
雞肉丸湯冬粉

超級鬆軟的雞肉丸、鮮甜的高湯和滑溜冬粉,都是
孩子最喜歡的料理。雞肉丸可以用來煮火鍋,也可
以煎烤成肉串,老少咸宜的口感超受歡迎的唷!

材料（2 人份）

去骨雞胸肉 **400g**	麵粉 **2** 大匙
雞蛋 **1** 顆	雞高湯 **2000ml**
醬油 **2** 大匙	冬粉 適量
味醂 **2** 大匙	青菜 適量
香油 **1** 茶匙	鹽 適量
	白胡椒 適量

好用配件

S 型切碎刀片

作法：

1. 裝上 S 型切碎刀片，將去骨雞胸肉、雞蛋、醬油、味醂、香油、麵粉加入食物調理機中攪打 **3** 分鐘成略帶黏性的泥狀。

2. 用萬用鍋以無水烹調模式煮沸雞高湯後，用兩支湯匙將肉泥塑型成丸狀後下鍋。

3. 將冬粉下鍋煮軟後，青菜下鍋煮熟，加上適量的鹽和白胡椒調味即可。

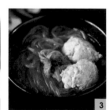

TIPS

1. 冬粉下鍋前建議先用水泡軟，煮起來比較快。

2. 萬用鍋的無水模式烹煮食材是利用食材本身水分所形成的高溫蒸氣來進行烹調，完整保留新鮮食材的原汁美味，而且低卡又健康，但若家裡沒有萬用鍋，可用一般湯鍋取代。

3. 雞肉丸用氣炸鍋搭配煎烤盤或烘烤鍋，用 **180** 度烤 **5** 分鐘就是煎烤雞肉丸，表面會有不同口感。

傳統台式的美味

蝦丸白玉米粉湯

自製蝦丸呈現櫻花粉的顏色非常討喜。用蝦殼熬過的湯底，再加上冬季盛產的白蘿蔔，讓湯頭更加鮮美，用來煮成湯米粉特別美味！尤其當朋友來訪，用湯匙整型製作蝦丸，吃火鍋更添樂趣。

材料（2 人份）

帶殼鮮蝦 **300g**	鹽巴 **1/2** 茶匙
薑末 **1/4** 茶匙	白胡椒 **1/4** 茶匙
蛋清 **1** 顆	白蘿蔔　半顆
太白粉 **2** 茶匙	米粉 適量
芹菜 **1** 根	芹菜 適量
米酒 **1** 茶匙	

好用配件

S 型切碎刀片
2.4mm 不鏽鋼切盤

作法：

1. 將鮮蝦去頭、去殼和剖背去腸泥，將蝦頭、蝦殼與 **1500ml** 的清水放入萬用鍋中，選擇無水烹調烤蟹功能料理。
2. 裝上 S 型切碎刀片，將帶殼鮮蝦、薑末、蛋清、太白粉、芹菜、米酒、鹽巴、白胡椒加入食物調理機中，攪打成泥狀。
3. 將萬用鍋中的蝦頭及蝦殼濾除，保留蝦高湯。
4. 繼續用無水烹調模式開蓋料理。用兩支湯匙將蝦泥塑型成丸狀後，下鍋煮熟。
5. 蝦丸煮成粉紅色後，撈起浸泡於冰水備用。
6. 裝上 **2.4mm** 不鏽鋼切盤，切絲面凸面朝上，將去皮的白蘿蔔刨絲，並下水煮熟。
7. 加入米粉下鍋煮熟。
8. 最後加上蝦丸下鍋煮 **1** 分鐘，以鹽和白胡椒調味即可。
9. 上桌前，可以用 S 型切碎刀片切碎芹菜點綴。

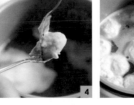

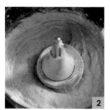
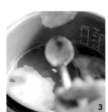

 TIPS

1. 蝦丸可以做好冷凍保存一季。
2. 萬用鍋的無水模式烹煮食材是利用食材本身水分所形成的高溫蒸氣來進行烹調，完整保留新鮮食材的原汁美味，而且低卡又健康，但若家裡沒有萬用鍋，可用一般湯鍋取代。

經典中式主食
山東大滷麵

在中國北方原本是稱「打滷麵」，即將各種備料各別料理，再煮成一鍋勾芡的稠湯。自家新鮮現做、或是市售乾燥麵條，可以直接在大滷湯中煮麵，麵條更加入味，煮過麵的大滷湯頭也會更加稠潤。

材料（2 人份）

乾香菇 **5** 朵	麵粉 **1** 茶匙
竹筍 約 **70g**	植物油 **1** 大匙
黑木耳 **2** 片	雞高湯 **1500ml**
白菜 **4** 片	醬油 **2** 大匙
梅花豬肉絲 **200g**	烏醋 **2** 大匙
蒜末 **1/2** 茶匙	細砂糖 **1** 茶匙
薑末 **1** 茶匙	香油 **1** 茶匙
醬油 **1** 大匙	芡水 **100ml**
米酒 **1** 茶匙	麵條 適量

好用配件

2.4mm 不鏽鋼切盤

作法：

1. 乾香菇需要事先泡冷水，變軟後切絲。然後將蒜末、薑末、醬油、米酒、麵粉、植物油混合，製成醃料。將豬肉和醃料拌勻備用。
2. 裝上 **2.4mm** 不鏽鋼切盤，切絲面凸面朝上，將竹筍、黑木耳刨絲。
3. 再將白菜刨絲。
4. 建議用萬用鍋無水烹調模式熱鍋，將醃好的豬肉絲下鍋，煎炒至熟。
5. 再將筍絲、黑木耳、白菜絲、香菇下鍋，拌炒均勻。
6. 加入雞高湯和醬油、烏醋、細砂糖、香油，以米飯模式烹煮。
7. 最後加入芡水拌勻，以無水烹調繼續加熱，下適量麵條煮至喜歡的熟度即可。

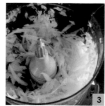

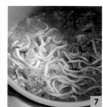

TIPS

1. 芡水通常是 **1** 大匙粉類加上 **100ml** 清水，粉類可用太白粉、玉米粉、藕粉等。勾芡料理通常在最後的步驟加入芡水，可分次加入調整濃稠度。
2. 柔軟和堅硬的食材可以一起切絲，木耳有了竹筍的支撐，切絲會更順利。
3. 萬用鍋的無水烹調，可利用食材本身水分所形成的高溫蒸氣來進行燒烤，完整保留新鮮食材的原汁美味，而且鮮香嫩脆，低卡又健康。但若家裡沒有萬用鍋，也可用煎炒鍋代替。

暖暖的家常味道

白菜豬肉烏龍麵

這道和風家常料理，利用基本簡單的食材製成，醬料多做還能分裝冷凍，用來拌炒烏龍麵既簡單又美味。在拌炒豬肉的同時，白菜可用食物調理機切絲和切碎，下鍋拌炒，總共花不到五分鐘時間！若加上ＸＯ醬，可以讓味道更豐富有層次。

材料（2 人份）

白菜 **300g**
薑末 **1/2** 茶匙
蔥末 **1** 大匙
豬絞肉 **300g**
醬油 **3** 大匙
味醂 **2** 大匙

雞高湯 **200ml**
白胡椒粉 適量
烏龍麵 適量
七味粉 適量（可略）
XO 醬 **1** 大匙（可略）

好用配件

研磨盤
S 型切碎刀片

作法：

1. 可用研磨盤將薑研磨成薑末，並裝上 **S** 型切碎刀片，將白菜放入食物料理機中切碎。
2. 用萬用鍋以無水烹調模式熱鍋，下 **1** 茶匙的油，將薑末和豬絞肉拌炒至熟，加入醬油、味醂煮滾。
3. 加入雞高湯和白菜煮沸，加入烏龍麵拌炒均勻後，試吃並以醬油或鹽調味，最後可綴以蔥末、七味粉或 **XO** 醬。

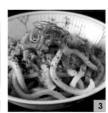

TIPS 萬用鍋的無水模式烹煮食材是利用食材本身水分所形成的高溫蒸氣來進行烹調，完整保留新鮮食材的原汁美味，而且低卡又健康，但若家裡沒有萬用鍋，可用一般煎炒鍋取代。

Part 06
家聚小宴料理

煎烤鴨胸佐辣
可可醬,詳見
P168

法式雞肝醬

歐洲人和台灣一樣，會用動物內臟做各種料理。關於肝醬，法國最有名的是鵝肝醬，雞肝醬則是很家常的料理。用新鮮的雞肝製作，絕對比法國進口的肝醬罐頭，更為鮮美可口！做法簡單，成本親和，卻能讓賓客對主人的廚藝讚嘆不已。歐式麵包、肝醬、各種乳酪乾果，是紅酒家宴最棒的佐餐小點。

PART 01	PART 02	PART 03	PART 04	PART 05	PART 06
沙灘派對料理	樂宵派對料理	溫馨下午茶料理	野餐輕食料理	露營野炊料理	家聚小宴料理

材料（6-10 人份）

雞肝 **300g**
鮮奶 **100ml**
橄欖油 **1** 茶匙
洋蔥 半顆
蒜碎 **1/2** 茶匙
鯷魚 **2** 片
白酒 **100ml**
有鹽奶油 **100g**
鹽 適量
黑胡椒 適量

好用配件

S 型切碎刀片

作法：

1. 先用 S 型切碎刀片將洋蔥切碎備用。並將雞肝浸泡在鮮奶中，冷藏靜置 1 小時以上。
2. 用萬用鍋無水模式熱鍋，橄欖油和洋蔥下鍋，拌炒至洋蔥透明軟化。
3. 將蒜碎和鯷魚下鍋拌炒均勻。
4. 雞肝洗淨瀝乾，和白酒下鍋，煮至收乾水分，放涼備用。將炒好的雞肝和奶油放入加入食物調理機中，用 S 型切碎刀片處理成滑順的泥狀，加鹽和黑胡椒調味。
5. 盛入小盅裡，蓋上保鮮膜冷藏一小時以上即可。

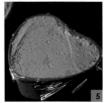

TIPS 萬用鍋的無水烹調，可利用食材本身水分所形成的高溫蒸氣來進行燒烤，完整保留新鮮食材的原汁美味，而且鮮香嫩脆，低卡又健康。但若家裡沒有萬用鍋，也可用煎炒鍋代替。

輕鬆料理 美味依舊

松子青醬裹花椰

白花椰味道溫和，熱量低又營養，適合搭配各種料理。而青醬的基本食材有羅勒、松子、帕瑪乳酪和橄欖油。其中松子可增強血液循環，健腦益智，而且煎烤至表面金黃所散發出的香氣，讓人難以忘懷。

材料（2 人份）

羅勒 **200g**
松子 **100g**
橄欖油 **180ml**
蒜碎 **1** 茶匙
帕瑪乳酪 **3** 大匙
鹽 **1/2** 茶匙
松子 **30g**
白花椰 **1** 小顆
白酒 **1/2** 茶匙

好用配件

S 型切碎刀片

作法：

1. 所有松子用萬用鍋無水烹調煎至金黃上色，或用氣炸鍋以 180 度烤 3 分鐘。
2. 裝上 S 型切碎刀片，將羅勒、松子、橄欖油、蒜碎、帕瑪乳酪、鹽加入食物調理機中，攪打成泥狀，製成青醬。
3. 白花椰洗淨切成一口大小，放入萬用鍋中，加入少許鹽和白酒，以無水烹調焗烤時蔬模式料理。
4. 將煮好的白花椰與適量青醬拌勻，盛盤並撒上松子即可。

 TIPS
1. 青醬在試吃並調味 OK 後，可盛入玻璃容器中，表面再淋上薄薄一層橄欖油防止氧化來保存。
2. 萬用鍋的無水烹調，可利用食材本身水分所形成的高溫蒸氣來進行燒烤，完整保留新鮮食材的原汁美味，而且鮮香嫩脆，低卡又健康。但若家裡沒有萬用鍋，也可用煎炒鍋代替。

藏不住的好味道

牛小排佐香料奶油

油脂均勻豐富的牛小排,可以料理至全熟,最適合
新手嘗試。如果要用油脂較少的菲力,適合 3 至 5
分熟,要選擇厚度超過 3 公分,這樣才能保持多汁
的口感。香料奶油所加的香草可依喜好調整,除了
可以搭配牛排,抹烤麵包也很棒喔!

PART 01	PART 02	PART 03	PART 04	PART 05	PART 06
沙灘派對料理	樂宵派對料理	溫馨下午茶料理	野餐輕食料理	露營野炊料理	家聚小宴料理

材料（2 人份）

牛小排 **2** 片
有鹽奶油 **100g**
蒜泥 **1/4** 茶匙
百里香 **1/4** 茶匙
迷迭香 **1/4** 茶匙
羅勒 **1/4** 茶匙
鹽 少許

好用配件

S 型切碎刀片

作法：

1. 裝上 **S** 型切碎刀片，將有鹽奶油、蒜泥、百里香、迷迭香、羅勒放入廚神料理中攪拌均勻，製成香料奶油。
2. 用保鮮膜捲成長條狀，冷凍備用。
3. 冷藏的牛小排撒上少許的鹽，放在金屬盤中，置於室溫退冰 **15** 分鐘。要用時，再用廚房紙巾將牛小排表面血水擦乾，搭配煎烤盤，用氣炸鍋 **200** 度烤 **8~10** 分鐘。
4. 將牛小排盛盤，並搭配切片的香料奶油即可。

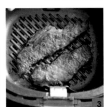

TIPS
1. 香料奶油可以冷藏保存一週，或冷凍保存一個月。且宴客時可以將保鮮膜拆除，改用漂亮的蠟紙包裝。
2. 氣炸鍋的烘焙功能預熱速度快，又可大大降低食物油脂，不過若家中沒有氣炸鍋，也可以用烤箱代替。

濃濃暖意擋不住
雞蓉玉米濃湯

似乎所有孩子都很愛喝玉米濃湯,食材簡單又完整
保留在湯品中,各種蔬菜和玉米的清甜,還有雞肉
的鮮美,不用勾芡就做成了濃郁可口的濃湯,也讓
孩子開心的攝取到各種營養和纖維質。

PART 01 沙灘派對料理
PART 02 樂宵派對料理
PART 03 溫馨下午茶料理
PART 04 野餐輕食料理
PART 05 露營野炊料理
PART 06 家聚小宴料理

材料（6-10 人份）

雞骨 **650g**（約四副胸骨）
洋蔥 **1/2** 顆
紅蘿蔔 **1/2** 根
西洋芹 **1** 根
月桂葉 **2** 片
百里香 **1** 茶匙

黑胡椒粒 **1** 茶匙
玉米醬罐頭 **1** 罐
玉米罐頭 **1** 罐（約 **300g**）
鹽 適量
黑胡椒 適量

好用配件

S 型切碎刀片
果汁壺

作法：

1. 將雞骨、洋蔥 、紅蘿蔔、西洋芹、月桂葉、百里香、黑胡椒粒放入萬用鍋中，加入 **3000ml** 的水量，用煲湯模式料理。
2. 將洋蔥、紅蘿蔔和西洋芹取出，加入食物調理機果汁壺中備用。
3. 再加入玉米醬罐頭打成細緻的濃湯狀。
4. 用網篩將高湯過濾，雞骨放涼後將雞肉從骨架取下，裝上 **S** 型切碎刀片，將雞骨加入食物調理機中處理成雞蓉，大約 **30** 秒。
5. 將玉米泥和雞蓉倒回高湯中，用萬用鍋焗烤時蔬模式加熱後，加上鹽和黑胡椒調味即可。

TIPS 萬用鍋可利用食材本身水分所形成的高溫蒸氣來進行燒烤，完整保留新鮮食材的原汁美味，而且鮮香嫩脆，低卡又健康。但若家裡沒有萬用鍋，也可用快鍋、電鍋或是湯鍋代替。

夏日開胃冷湯
西班牙番茄冷湯

西班牙番茄冷湯「Gazpacho」，是夏日必備的開胃湯品，以番茄和黃瓜為主軸，以雪莉醋提味，和蔬菜高湯打成果菜汁般，冰鎮之後很是開胃爽口。尤其最後的橄欖油是畫龍點睛的重點，因為番茄的營養，在油脂的融合後會更充分釋放，湯品也會更加順口香醇。

PART 01	PART 02	PART 03	PART 04	PART 05	PART 06
沙灘派對料理	樂宵派對料理	溫馨下午茶料理	野餐輕食料理	露營野炊料理	家聚小宴料理

材料 (2 人份)

小黃瓜 **1** 條
紅甜椒 **1** 顆
番茄 **4** 小顆
麵包 **1** 片
雪莉醋 **1** 茶匙
蔬菜高湯 **300ml**
鹽 適量
黑胡椒 適量
小黃瓜 **1/2** 條（可略）
薄荷或洋香菜 少許（可略）

好用配件

2.4mm 不鏽鋼切盤
果汁壺

作法：

1. 將小黃瓜、紅甜椒、番茄、麵包、雪莉醋、蔬菜高湯、鹽、黑胡椒加入食物調理機果汁壺中打碎，試吃並調味。盛入玻璃容器中，冷藏一小時以上。
2. 小黃瓜縱切成 **4** 等份。
3. 裝上 **2.4mm** 不鏽鋼切盤，切片面凸面朝上，蓋好杯蓋，將小黃瓜加入食物調理機中，轉至 **1** 轉速切片。
4. 最後用將冷湯從冰箱拿出，再用小黃瓜片、薄荷或洋香菜，和橄欖油點綴後即可。

TIPS 小黃瓜可用去皮的大黃瓜或是西瓜比較不紅的部分取代，非常消暑。另外，若買不到雪莉醋可以用紅酒醋代替。點綴用的香草，可以用洋香菜 parsley，或是更添一抹清涼的薄荷取代。

不可或缺的配菜

美式捲心菜沙拉

捲心菜沙拉（Coleslaw）是美式料理最常見的配菜，尤其在烤豬肋排或炸雞料理，一定要附上的沙拉。用爽脆的高麗菜、紫高麗和紅蘿蔔，和優格及美乃滋拌勻醃漬，運用食物調理機，會讓切絲的工作快速又輕鬆。

材料 (2 人份)

高麗菜 **200g**
紫高麗 **50g**
紅蘿蔔 **50g**
無糖優格 **1** 大匙
美乃滋 **2** 大匙
第戎 **Dijon** 芥末 **1** 茶匙
檸檬汁 **1** 茶匙
鹽 適量
黑胡椒 適量

好用配件

2.4mm 不鏽鋼切盤

作法：

1. 裝上 **2.4mm** 不鏽鋼切盤，切絲面凸面朝上，蓋好杯蓋，將高麗菜加入食物調理機中，轉至 **1** 轉速切絲。
2. 接著再把紫高麗以相同方式處理成細絲。
3. 紅蘿蔔也運用切絲盤，切成細絲。
4. 將無糖優格、美乃滋、第戎 **Dijon** 芥末、檸檬汁、鹽、黑胡椒攪拌均勻，製成醬料。
5. 與蔬菜絲拌勻，試吃並調味，冷藏一小時以上即可食用。

TIPS 第戎 Dijon 芥末醬是由去莢後的褐色芥菜籽製成，辣味較強，以特殊的香味在調理上占有一席之地，和羊肉、牛肉、豬肉的搭配十分契合，是歐式食物裡不可或缺的美味醬料。

燒烤蜜汁豬肋排

自製 BBQ 燒烤醬，可以隨心所欲調整風味，醬汁的材料比較多，但市售燒烤醬多有添加物，自製醬料就能更安心囉。這是一道比較費時的料理，豬肋排需要時間慢慢催化，各種香料風味，溫度讓肉質逐漸軟化，在吮咬的瞬間骨肉分離。

PART 01	PART 02	PART 03	PART 04	PART 05	PART 06
沙灘派對料理	樂宵派對料理	溫馨下午茶料理	野餐輕食料理	露營野炊料理	家聚小宴料理

材料（2人份）

豬肋排 **600g**	白酒醋 **100ml**
紅椒粉 **1/2 茶匙**	白蘭地 **50ml**
奧勒岡 **1/2 茶匙**	雞高湯 **300ml**
小茴香粉 **1/4 茶匙**	番茄醬 **100ml**
卡宴辣椒粉 **1/4 茶匙**	黑糖 **50g**
黑胡椒 **1/4 茶匙**	梅林辣醬油 **2 茶匙**
鹽巴 **1/4 茶匙**	第戎芥末 **1/2 茶匙**
黑糖 **1 大匙**	蘋果泥 **1 顆的量**
奶油 **1 大匙**	檸檬汁 **1 茶匙**
洋蔥碎 半顆	鹽 適量
蒜碎 **1 茶匙**	黑胡椒 適量
紅椒粉 **1/2 茶匙**	

好用配件

果汁壺

作法：

1. 將紅椒粉、奧勒岡、小茴香粉、卡宴辣椒粉、黑胡椒、1/4 茶匙鹽、黑糖用食物調理機的果汁壺混合，製成醃料。將豬肋排抹上醃料，冷藏醃漬半天。
2. 用鋁箔紙將豬肋排包起來，用氣炸鍋 **100** 度烤 **3** 小時。
3. 用萬用鍋以無水烹調模式，將奶油、洋蔥碎、蒜碎和紅椒粉下鍋，拌炒至洋蔥透明軟化。
4. 然後加入白蘭地，煮沸後，將白酒醋、雞高湯、番茄醬、黑糖、梅林辣醬油、第戎芥末、蘋果泥、檸檬汁、鹽、黑胡椒都下鍋，蓋上鍋蓋，選用萬用鍋煲湯功能，製成燒烤醬。
5. 將豬肋排的鋁箔紙拆除，刷上一層醬料，用氣炸鍋 **180** 度烤 **3** 分鐘，再刷上一層醬料，用氣炸鍋 **180** 度烤 **3** 分鐘，重複 **3** 次即可。

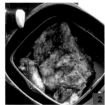

TIPS

1. 萬用鍋的無水烹調，可利用食材本身水分所形成的高溫蒸氣來進行燒烤，完整保留新鮮食材的原汁美味，而且鮮香嫩脆，低卡又健康。但若家裡沒有萬用鍋，也可用煎炒鍋代替。
2. 氣炸鍋的烘焙功能預熱速度快，又可大大降低食物油脂，不過若家中沒有氣炸鍋，也可以用烤箱代替。

美味滿分的蔬食料理

奶油鰻魚茭白蘆筍

蘆筍和茭白筍獨特的清新香氣，搭配熱奶油鰻魚快炒，歐洲產的蘆筍身型較粗口感佳，台灣也有產細長的蘆筍，若挑選蘆筍花，口感清脆蘆筍味比較輕柔。油漬鰻魚，是提鮮增香的調味食材。

PART 01	PART 02	PART 03	PART 04	PART 05	PART 06
沙灘派對料理	樂窩派對料理	溫馨下午茶料理	野餐輕食料理	露營野炊料理	家聚小宴料理

材料（2 人份）

蘆筍 1 把
茭白筍 3-4 根
奶油 1 大匙
鯷魚油 1 茶匙
鯷魚 1 片或 1 茶匙
鹽 適量
白酒 1 茶匙

好用配件

2.4mm 不鏽鋼切盤

作法：

1. 茭白筍縱切 4 等份置於外側，蘆筍置於內側，加入食物調理機中。
2. 裝上 2.4mm 不鏽鋼切盤，切片面凸面朝上，將茭白筍、蘆筍放入食物調理機中，蓋上杯蓋，轉至 2 轉速切片。
3. 萬用鍋無水烹調模式，開蓋將奶油、鯷魚油和鯷魚下鍋。茭白筍、蘆筍和少許的鹽下鍋拌炒 3 分鐘。
4. 拌炒至奶油和鯷魚融化。再將茭白筍、蘆筍和少許的鹽下鍋拌炒 3 分鐘。
5. 白酒下鍋再繼續炒 3 分鐘，試吃調味即可盛杯上桌了。

  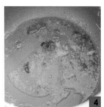 

TIPS
1. 在大賣場或網路商城，都能買到玻璃罐裝的油漬鯷魚。罐頭內的橄欖油可以用來料理。
2. 萬用鍋的無水烹調，可利用食材本身水分所形成的高溫蒸氣來進行燒烤，完整保留新鮮食材的原汁美味，而且鮮香嫩脆，低卡又健康。但若家裡沒有萬用鍋，也可用煎炒鍋代替。

美味滿分的蔬食料理
煎烤鴨胸佐辣可可醬

巧克力如果入菜,經常是搭配紅肉或野味,如鴨、鹿或野豬等。無論是用來燉肉或是佐醬,在歐洲都是常見的做法。選用 70% 以上的巧克力,辛香的濃郁可可醬,與鴨胸風味是驚喜契合,醇鮮餘韻展顯出精緻層次。

PART 01	PART 02	PART 03	PART 04	PART 05	PART 06
沙灘派對料理	樂宵派對料理	溫馨下午茶料理	野餐輕食料理	露營野炊料理	家聚小宴料理

材料（2 人份）

鴨胸 **1** 個（約 **270g**）	辣椒粉 **1/4** 茶匙
鹽 **1/4** 茶匙	白酒 **1** 茶匙
現磨黑胡椒 少許	雞高湯 **100ml**
洋蔥碎 **1/4** 顆（約 **50g**）	黑巧克力 **25g**

好用配件

S 型切碎刀片
研磨盤

作法：

1. 裝上 S 型切碎刀片，將紫洋蔥放入食物調理機中，蓋好杯蓋，向左轉至瞬間加速成洋蔥碎，取出備用。
2. 用刀在鴨胸皮上畫細刀痕，不要切到肉。均勻抹上鹽和黑胡椒。
3. 鴨胸皮面朝下，萬用鍋無水烹調烤雞模式。再將鴨胸皮朝上，氣炸鍋 **180** 度烤 **3** 分鐘，留在氣炸鍋內保溫備用。
4. 烤鴨胸的同時，萬用鍋內保留一大匙的鴨油，多餘的鴨油倒出來。以無水烹調，開蓋將洋蔥碎炒至香軟，約 **10** 分鐘。
5. 加入辣椒粉拌炒均勻，加入白酒和雞高湯煮滾後，以鹽調味。
6. 將炒好的辣洋蔥和巧克力放入研磨杯中，製成辣可可醬。
7. 鴨胸切片，搭配辣可可醬即可。

TIPS

1. 用刀在鴨胸皮上畫細刀痕，可以幫助鴨皮豐富油脂的釋放。
2. 萬用鍋內的鴨油可以盛出，冷藏保存，用來炒菜或拌麵都特別香。
3. 萬用鍋的無水烹調，可利用食材本身水分所形成的高溫蒸氣來進行燒烤，完整保留新鮮食材的原汁美味，而且鮮香嫩脆，低卡又健康。但若家裡沒有萬用鍋，也可用煎炒鍋代替。同時，氣炸鍋的烘焙功能預熱速度快，又可大大降低食物油脂，不過若家中沒有氣炸鍋，也可以用烤箱代替。

義式口感濃湯
托斯卡尼燉豆湯

白腰豆主要生長在義大利中南部，口感綿密滑順，
托斯卡尼燉豆湯 (Ribollita)，就是當地的家常菜，將
吃剩的蔬菜加高湯和白腰豆一起煮滾，就是能夠飽
食的溫暖湯品。

PART 01	PART 02	PART 03	PART 04	PART 05	PART 06
沙灘派對料理	樂宵派對料理	溫馨下午茶料理	野餐輕食料理	露營野炊料理	家聚小宴料理

📝 材料 (2 人份)

洋蔥 半顆
紅蘿蔔 50g（約 1/3 根）
整顆番茄罐頭 或 3 顆番茄
白酒 1 大匙
德國香腸 2 根
白腰豆罐頭 1 罐

高湯 2000ml
白花椰 半顆
捲葉萵苣 1 把
羅勒 半茶匙
鹽 適量
黑胡椒 適量

🔧 好用配件

S 型切碎刀片
2.4mm 不鏽鋼切盤

🍲 作法：

1. 裝上 S 型切碎刀片，將洋蔥和紅蘿蔔加入食物調理機，蓋好杯蓋，向左轉至瞬間加速中切碎。

2. 置換 2.4mm 不鏽鋼切盤，切片面凸面朝上，將德國香腸加入食物調理機中，蓋好杯蓋，轉至 2 轉速切片。萬用鍋以無水烹調模式熱鍋，將橄欖油、洋蔥和紅蘿蔔下鍋，拌炒 3 分鐘或至洋蔥透明軟化，番茄下鍋拌炒。

3. 白酒下鍋煮滾，將德國香腸、白花椰、白腰豆、高湯、羅勒、鹽和黑胡椒下鍋。用萬用鍋的密封模式關蓋烹煮。

4. 試喝調味後，捲葉萵苣下鍋拌煮均勻即可。

5. 接著只要用容器，或盛盤裝好上桌，就可開動了。

TIPS

1. 如果買不到白腰豆罐頭，也可以用義大利米麵或通心粉，就是「Minestrone」。
2. 高湯的部分用雞高湯或牛肉湯都可以，添加西式香腸或培根則更添風味。
3. 番茄是固定食材，其他蔬菜部分很隨意，高麗菜、花椰菜、紅蘿蔔、捲葉甘藍等等，都可以變化組合，只需注意綠色葉菜只需最後烹煮片刻，別太早下鍋煮黃了。

來自大海的營養好美味
煎烤鮭魚與白玉絲佐芥末醬油

鮭魚含有豐富的 Omega-3 不飽和脂肪酸,能減少肌膚氧化,降低膽固醇,還有各種維生素幫助身體代謝修護,是很美味又健康的食材。白蘿蔔絲有滿滿維他命 C,美白又幫助消化。鮭魚搭配白玉絲享用,讓風味更為清爽,芥末醬油則是提味並增加層次,是很簡單又受歡迎的料理。

材料 (2 人份)

鮭魚 **2** 片　　　　白蘿蔔 **1/3** 根
清酒 **1** 茶匙　　　芥末 適量
鹽 少許　　　　　醬油 適量

好用配件

1.2mm 不鏽鋼切盤

掃 QRCode
看煎烤鮭魚與白玉絲
佐芥末醬油食譜影片

作法 :

1. 在食物調理機裝上 **1.2mm** 不鏽鋼切盤,切絲面凸面朝上,將白蘿蔔放入食物調理機中,轉至 **1** 轉速切絲。
2. 鮭魚淋上清酒,抹上鹽,用氣炸鍋 **180** 度烤 **15** 分鐘,或烤至表皮焦香。再後再將烤好的鮭魚,與芥末醬油一同上桌享用。

TIPS 煎好的鮭魚若能來點檸檬或紫蘇葉搭配,會更提味。

清爽的滋味
和風葡萄柚萵苣沙拉

結球萵苣也稱作「美式生菜」或「美生菜」，是在超市容易買到的生菜，搭配喜歡的芽菜苗，做成爽口的和風沙拉。清爽的滋味，讓你每天都愛上吃沙拉。

材料 (2 人份)

美生菜 半顆	葡萄柚汁 1 大匙
芽菜 適量	白醋 1 大匙
老薑 1/4 塊或薑泥	葵花油 1 大匙
醬油 1 茶匙	麻油 1 茶匙

好用配件

研磨盤
2.4mm 不鏽鋼切盤

作法：

1. 先用研磨盤將薑塊打成薑泥。然後再裝上 2.4mm 不鏽鋼切盤，切絲面凸面朝上，將美生菜放入食物調理機中，轉至 1 轉速切絲。
2. 將薑泥、醬油、葡萄柚汁、白醋、葵花油、麻油混合攪拌均勻，製成淋醬。淋在美生菜上，綴以芽菜即可。

TIPS 將美生菜葉片剝下以流水洗淨，淨泡在冰水幾分鐘後甩乾，口感會更加清脆。

香酥可口小零食

烤南瓜芋頭佐芝麻味噌

氣炸鍋用來做薯條很厲害,其實同理可運用在各種根莖蔬菜,南瓜、芋頭、地瓜等等。訣竅在於先與油鹽拌勻,烤出來的風味口感會更棒。高溫烹調建議用大豆沙拉油、葵花油或葡萄籽油等發煙點較高的油品。

PART 01	PART 02	PART 03	PART 04	PART 05	**PART 06**
沙灘派對料理	樂宵派對料理	溫馨下午茶料理	野餐輕食料理	露營野炊料理	**家聚小宴料理**

材料 (2 人份)

南瓜 半顆
芋頭 **1** 小顆
葵花油 **2** 大匙
鹽 **1/4** 茶匙
芝麻 **1** 大匙
味噌 **1** 大匙
味醂 **1** 大匙

好用配件

不鏽鋼切條刀盤
研磨杯

作法：

1. 用南瓜去皮籽，裝上不鏽鋼切條刀盤，縱切成適當大小。將南瓜條和芋頭條放入大盆中，與油鹽拌勻。
2. 將芋頭去皮，放入食物調理機中，一樣不鏽鋼切條刀盤切條。然後再將南瓜條和芋頭條放入大盆中，與油鹽拌勻。
3. 用氣炸鍋 **180** 度烤 **20** 分鐘，或至表面金黃上色。
4. 裝上研磨杯，將芝麻放入打成糊狀，加入味噌和味醂，拌勻製成沾醬。
5. 用吸油蠟紙包起烤南瓜芋頭放入盆中，淋上沾醬即可。

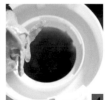

TIPS
1. 芋頭整顆帶皮用滾水煮一分鐘，沖涼後再去皮，能防止黏液造成皮膚過敏發癢。
2. 油脂成分高的食物容易導致癌症與心血管疾病的發生，但運用氣炸鍋優點是可降低食物油脂與取代高溫油炸的烹調方式，不過也可以用油炸鍋代替。

嚴選 78 道食物調理機快手料理—

免刀工 X 省時間!

居家料理、開趴、戶外野餐、下午茶,輕鬆搞定!

作者╱小廚娘 Olivia、美魔女 Jolyn

攝影╱小廚娘 Olivia、美魔女 Jolyn

文字編輯╱鄧青雲

執行編輯╱李寶怡

美術編輯╱廖又儀、黃昀嘉

封面設計╱黃昀嘉

企畫選書人╱賈俊國

總編輯╱賈俊國

副總編輯╱蘇士尹

行銷企畫╱張莉滎、廖可筠

發行人╱何飛鵬

出版╱布克文化出版事業部

臺北市中山區民生東路二段 141 號 8 樓

電話:(02)2500-7008 傳真:(02)2502-7676

Email:sbooker.service@cite.com.tw

發行╱英屬蓋曼群島商家庭傳媒股份有限公司城邦分公司

臺北市中山區民生東路二段 141 號 2 樓

書蟲客服服務專線:(02)2500-7718;(02)2500-7719

24 小時傳真專線:(02)2500-1990;(02)2500-1991

劃撥賬號:19863813;戶名:書蟲股份有限公司

讀者服務信箱:service@readingclub.com.tw

香港發行所╱城邦(香港)出版集團有限公司

香港灣仔駱克道 193 號東超商業中心 1 樓

電話:+852-2508-6231 傳真:+852-2578-9337

Email:hkcite@biznetvigator.com

馬新發行所╱城邦(馬新)出版集團 Cité (M) Sdn. Bhd.

41, Jalan Radin Anum, Bandar Baru Sri Petaling,

57000 Kuala Lumpur, Malaysia.

電話:+603-9057-8822;+603-9057-6622

Email:cite@cite.com.my

印刷╱韋懋實業有限公司

初版╱2016 年(民 105 年)7 月

定價╱新台幣 380 元

城邦讀書花園
www.cite.com.tw

布克文化
WWW.SBOOKER.COM.TW

PHILIPS